KB044705

아빠,
퇴사하고 육아해요!

아빠, 퇴사하고 육아해요!

고민하는 맞벌이 부부의 새로운 선택

초판 1쇄 발행 | 2017년 9월 11일

지은이 노승후
발행인 이대식

주간 이지형 **편집** 김화영 나은심 손성원
마케팅 배성진 **관리** 이영혜
디자인 모리스

주소 서울시 종로구 평창길 329(우편번호 03003)
문의전화 02-394-1037(편집) 02-394-1047(마케팅)
팩스 02-394-1029
홈페이지 www.saeumbook.co.kr
전자우편 saeum98@hanmail.net
블로그 blog.naver.com/saeumpub
페이스북 facebook.com/saeumbooks

발행처 (주)새움출판사
출판등록 1998년 8월 28일(제10-1633호)

ISBN 979-11-87192-55-8 03590

고민하는 맞벌이 부부의 새로운 선택

아빠, 퇴사하고 육아해요!

노승후 지음

새움

차례

1 집으로 돌아온 아빠

2 아빠 육아, 이것만 알고 시작하자

3 아빠 육아의 팁과 노하우

4 이제야 알게 된 것들

5 아이의 교육, 부모의 미래

6 다시 세상으로

에필로그

1

집으로 돌아온 아빠

이렇게 사는 게 최선일까?

아버지는 내가 입대한 지 석 달 만에 갑작스러운 교통사고로 돌아가셨다. 아들이 첫 휴가 나오면 먹이시겠다고 이것저것 맛있는 걸 사놓으셨다는데 그걸 못 먹이고 가셨다. 장례를 마친 후 어머니와 누나만 집에 덩그러니 남겨두고 부대로 복귀하면서 나는 흐르는 눈물을 멈출 수가 없었다. 평생 자식들을 위해 고생만 하시다가 세상을 떠난 아버지를 생각하니 그분의 인생이 너무도 안쓰러웠다.

부모님은 내가 태어나던 해부터 동네에서 조그마한 식당을 하셨다. 한 달에 하루를 쉴까 말까 하며 새벽부터 밤까지 일했다. 그러다 아버지는 그 흔한 해외여행 한 번 못 가보고 떠나셨다. 아버지의 기일이 되면 나의 두 딸들은 한 번도 만나본 적 없는 할아버지 사진 앞에서 넙죽넙죽 절을 한다. 아버지가 이렇게 예쁜 손녀딸들이 재롱 피우는 모습을 직접 보셨다면 얼마나 기뻐하셨을까?

아버지의 갑작스러운 죽음은 어린 내가 인생에 대해 많은 생각을 하게 했다. 본인의 잘못이 아니더라도 한순간에 죽음을 맞이할 수 있다는 사실은 나를 '미래'가 아닌 '현재'에 더 집중하게 만들었다. '나중에 무얼 하겠다.'라기보다는 '지금 내가 원하는 것은 바로 하자.'라고 말이다.

그렇다고 아무런 목표도 없이 산 것은 아니다. 현재의 내 삶을 그 무엇보다 소중하게 생각하며 살아왔다. 시간을 헛되이 낭비하는 일도, 남의 시선 때문에 나를 가두는 일도 하지 않았다. 나의 자존감과 만족을 위해 공부를 했고, 괜찮은 회사에 취직해서 열심히 일을 했다. 혼자보다는 더 나은 선택이라 생각하며 결혼을 했고 아이들을 낳았다. 그런데 어느 날 갑자기 어떤 벽에 부딪힌 느낌이 들었다. 그동안 '좋은 아빠, 능력 있는 아빠'가 되기 위해 열심히 잘 살아왔다고 생각했는데, 더 이상 무얼 해도 행복하지 않은 나를 발견하게 된 것이다.

직장에서는 '능력 있는 직원'으로 인정받기 위해 야근에 원치 않는 회식까지 감내하며 고군분투하고 있었지만, 가정에서는 아내와 아이들 모두 나의 퇴근만을 기다리고 있었다. 가정에 충실하고자 칼퇴근을 하고 회식에도 빠지면 회사에서는 '자기밖에 모르는 사람'이라는 비난을 받았다. 도대체 어느 장단에 춤을 추어야 할지 알 수 없었다. 답답했다. 일과 가정 사이에서 나는 마치 어두운 터널 속에 갇힌 것마냥 허우적대고만 있었다.

더 우울한 것은 이 불행의 끝이 어쩌면 영원히 오지 않을지도 모른다는 사실이었다. 내 앞길을 걸어가는 직장 선배들은 차장, 부장이라는 타이틀을 달고도 일과 가정 사이에서 여전히 나와 같은 고민을 하고 있었다. 10년 만에 어렵게 가진 외동아들의 유치원 송년 학예회에도 윗분들 눈치만 보다가 결국 가지 못하는 한 선배의 모습을 보니, 나이를 먹고 시간이 지난다고 해도 지금 내 고민이 해결될 것 같지 않았다. 그들의 삶은 지금의 나와 별반 다르지 않게 불행해 보였고, 오히려 그들에게는 다시 돌아오지 않을 '청춘의 시간'이 사라졌다는 사실이 더 슬퍼 보였다. 희망이 보이지 않았다. 계속 이렇게 지낸다면 영원히 이 불행의 터널을 통과하지 못할 것 같았다.

그래서 다시 한번 '지금'이라는 기준을 들이대기로 했다. 조용히 나를 돌아보며 '과연 이렇게 사는 게 최선인가?'라고 끝없이 되물었다. 그렇게 고민의 시간이 흐르고 흘러서 결국 퇴사를 결정했다. 그리고 집으로 돌아왔다. 미래에 대한 어떤 거창한 계획 따위는 없었다. 단지 '지금'을 살기 위해서 내린 선택이었다. 그 후로 5년이라는 시간이 흘렀다. 그동안 힘든 일도 많았고 예상치 못한 난관에 좌절했던 적도 많았다. 하지만 지금의 나는 행복하다. 5년 전의 '나'와 비교해보면 말이다.

걱정이 없는 사람은 없다. 매 순간 행복한 사람도 없다. 다만 오늘에 집중해 최선을 다해 산다면 인생이 조금 더 가치 있어지지 않을까. 아버지의 갑작스러운 죽음을 떠올리며 나는 인생의 소중함을 배웠다. 그리고 용기 있게 선택할 수 있었다. 한 번 사는 인생, 오늘 하루를 행복하게 살자고 말이다. 그게 바로 내가 집으로 돌아올 수 있었던 이유다.

아이 키우려고 퇴사합니다

지금은 내가 집에서 육아를 하고 아내가 회사를 다니고 있지만, 우리 집의 경우도 아빠가 육아를 담당하기까지 험난하고 기나긴 과정이 있었다.

아내와 나는 맞벌이를 했다. 대한민국의 많은 남편들처럼 나도 언젠가는 아내가 일을 그만두고 가정으로 돌아오는 게 당연하다고 생각했다. 그래서 부부싸움을 할 때면 입버릇처럼 "그럼 이제 회사 그만두고 집에서 애나 키워."라는 말을 쉽게 내뱉고는 했다. 아내 입장에서는 본인 인생의 커리어도 있는데 갈등이 생길 때마다 무작정 그만두라는 말을 들었으니 서운할 만도 했을 것이다. 하지만 나는 '육아와 살림은 엄마가 해야 한다.'는 고정관념이 있었으므로 그런 말이 자연스럽게 흘러나왔다.

아내는 결국 두 번째 육아 휴직이 끝나갈 무렵, 나의 바람대로 사직서를 들고 회사에 갔다. 마지막 출근이 될지도 모르는 그날 아침 아내의 눈을 아직도 잊을 수가 없다. 매일 입던 편한 수유복이 아닌, 오랜만에 말끔한 정장을 차려입은 아내는 "다녀올게."라는 담담한 한 마디를 던지며 집을 나섰다. 회사로 가는 차 안에서 아내는 장모님과 통화하는 내내 울었다고 했다. 엄마라서 그만두어야 하는 상황은 이해하지만, '나에게 이제 직장 생활은 없구나.'라는 생각에 그냥 눈물이 났다고 했다. 그날 내가 죄송한 마음으로 장인어른께 전화를 드렸더니, "그래… 그래… 엄마가 애들을 키워야지…. 잘했어, 잘했어."라고 말씀하셨지만 목소리에는 진한 아쉬움이 느껴졌다.

아내가 안정적이고 좋은 회사를 그만두는 것은 나 또한 무척 아쉬웠다. 하지만 퇴사는 아내가 다시 직장을 다닌다는 게 더는 어렵다는 판단에서 힘들게 내린 결정이었다. 그동안 아이를 봐주시던 어머니를 더 이상은 고생시켜드릴 수 없었고, 아이들을 남의 손에 맡기는 것도 쉽지 않은 문제였다. 첫 번째 육아 휴직이 끝나고 아내가 회사로 복직하면서 이미 그런 생활을 한 번 경험했기에 두 번 다시 해낼 자신이 없기도 했다.

회사를 다니기 위해 그동안 쏟아부은 시간, 노력, 돈 등 유형, 무형의 가치는 하나하나 따질 수조차 없다. 어찌 보면

20~30년이라는 시간 동안 취업 하나만을 바라보고 달려온 인생 아닌가. 그런데 결혼한 지 몇 년도 되지 않아서 아이 때문에 회사를 그만두게 된다면 정말이지 그간의 시간들이 모두 무의미해져버린다. 일도 하고 아이도 키울 수 있는 환경만 주어진다면 누가 제 발로 회사를 나오겠는가. 하지만 생지옥 같은 맞벌이 부부의 육아 환경은 기꺼이 본인 스스로 회사를 그만두게 만든다. 자신의 전부라고 할 수 있는 직장을 말이다.

오랜 고민 끝에 사직서를 들고 갔지만, 아내의 회사에서는 육아 때문에 그만두는 거라면 한 번만 더 시간을 가지고 생각을 해보라고 제안해주었다. 출퇴근 시간을 조절할 수 있는 유연근무제도 있고 근무시간을 줄이는 단축근무제도 있으니 고려해보라고 말이다. 나름 오래 고민하고 내린 결정이었는데 일단 반려가 되니, 문득 나는 '아내는 회사를 계속 다녀야 하는 사람이지 않을까?'라는 생각이 들었다. 그래서 상황이 녹록지는 않았지만 아내와 상의 끝에 일단은 다시 복직하자라는 결론을 내렸다. 문제가 생기면 그때 가서 다시 고민해보자고 말이다. 그렇게 우리 부부의 맞벌이 생활이 자의 반 타의 반으로 다시 시작되었다.

이미 예상은 했지만 다시 시작된 맞벌이 환경은 첫째 아이 때보다 훨씬 열악했다. 먼저 장거리 출퇴근을 해야 하는 아내가 고생이었다. 아내가 그만두는 것을 전제로 집을 내가 새로 이직한 회사 근처로 옮겼는데, 그 때문에 아내는 매일 세 시간씩 자동차로 출퇴근을 해야 했다. 퇴근해서도 밤늦게까지 살림 뒷정리를 하고 새벽부터 출근하는 아내를 볼 때마다 미안한 마음과 함께 '과연 잘한 선택인가?'라는 생각이 수없이 들었다.

나 또한 이직한 회사가 비록 집에서 10분 거리에 있었지만 퇴근시간은 기약이 없었다. 습관처럼 시작되는 야근에 가끔 철야까지 겹치면 집을 코앞에 두고도 가정에 전혀 도움을 줄 수가 없었다. 어머니는 어머니대로 아이 하나를 보시다가 갑자기 두 명을 동시에 보시게 되니 체력적으로나 정신적으로 많이 힘들어하셨다. 경제적으로도 그다지 나아지지 않았다. 맞벌이 생활을 한다지만 그로 인해 드는 추가 비용이 적지 않았다.

과연 무엇 때문에 이 생활을 지속해야 하는지 아내와 나는 답 없는 싸움을 이어나갔다. 그러는 동안 가족 중 누구 하나 행복하지 않았다. 퇴근하고 집에 돌아오면 나는 일단 본능적으로 집 안의 공기부터 체크하고는 했다. 시어머니와 며느리가 한 공간에서 산다는 게 요즘 세대에게는 쉽지 않은 일이다. 뭔가 둘 사이의 분위기가 싸하다고 느껴지면 '아이고, 오늘도 무슨 일이 있었구나.' 하고 나 또한 조마조마해졌다. 그러니 집에 있어도 항상 가시방석에 앉아 있는 듯했다. 그렇다고 이미 맞벌이를 다시 시작한 마당에 갑자기 중단하는 것도 쉽지 않았다. 그냥 쳇바퀴 돌듯이 모두가 하루하루를 버티고 있을 뿐이었다.

그러던 차에 내가 병원에 입원하는 일이 발생했다. 몇 달 전에 터졌던 허리 디스크가 과로로 재발한 것이었다. 나만 병원 침상에 누워 있자니 고생하는 다른 가족들 생각에 마음이 편치 않았다. 정작 쉬어야 할 사람은 아내였고 어머니였는데 말이다. 게다가 시어머니와 아내 사이에서 중재자 역할을 하던 내가 없으니 삐걱거리는 두 사람의 모습이 눈에 선했다.

이 생각, 저 생각 하다 보니 그동안 미루어 두었던 고민들이 봇물 터지듯이 쏟아졌다. '어떻게 하면 이런 상황을 바꿀 수가 있을까?' '역시 아내가 회사를 그만두는 게 정답인가?' '몸도 불편하신 어머니를 이제는 집으로 보내드려야 하지 않을까?' 매일 밤 고민에 고민을 거듭해보았지만 답이 없는 상황에 답답함만 커져갔다.

고민만 하다 보니 3주간의 입원기간이 끝나가고 퇴원일이 다가왔다. 그러자 이제는 어떻게든 결론을 내려야겠다는 생각이 들었다. 어느새 나의 마음은 내가 아이들을 돌봐야겠다는 쪽으로 기울어져 있었다. 다시 예전의 생활로 되돌아가는 것은 지금보다 더 큰 불행을 만들어낼 것만 같았다. 비록 살림과 육아를 제대로 해본 적도 없었고 주변에서 아이를 키우는 아빠를 본 적도 없던 나였지만, 아무래도 내가 회사를 그만두는 게 최선의 선택으로 보였다. 아내는 아내의 바람대로 일을 유지할 수 있고, 어머니도 집으로 돌아가셔서 편히 쉬실 수 있으니 말이다. 나만 잘 해낸다면 모두가 행복해질 수 있는 방법은 이것뿐이라는 생각이 들었다.

퇴근하고 병원으로 찾아온 아내에게 내 결심을 단도직입적으로 말했다. "내가 회사를 그만두는 게 좋을 거 같아. 아무리 생각해도 그게 최선이야." 반대가 걱정되었지만 아내는 의외로 긍정적인 반응을 보여주었다. 아내 또한 내가 입원해 있는 동안 많은 생각을 했다고 했다. 아무리 생각해도 본인이 그만두는 것밖에는 방법이 없다는 결론을 내고 있었는데, 오히려 내가 그만두겠다고 하니 걱정보다는 고맙다는 생각이 먼저 들었다고 했다. 분명 힘든 것은 나일 텐데 그 길을 스스로 선택하겠다고 하니 말이다.

우리의 결정을 들은 어머니도 처음에는 걱정을 하셨지만 적극적으로 반대를 하지는 않으셨다. 본인의 건강 문제 때문에 더 이상 아이들을 봐주기 힘드셨던 점도 있겠지만, 우리들이 힘들어하는 모습을 가장 가까이서 지켜보셨기에 그랬을 것이다. 어머니도 아이들은 부모가 키워야 한다는 소신을 가지고 있었으므로 결국에는 우리를 이해해주셨다.

모두의 동의를 얻은 뒤, 이번에는 내가 사직서를 들고 회사에 가게 되었다.

"본부장님, 죄송한 말씀이지만 아내 대신 아이들을 키우기 위해서 제가 회사를 그만두어야 할 것 같습니다."

본부장님은 처음에는 나를 믿지 않는 눈치셨다. 갑작스러운 퇴사 발언에도 놀랐지만 그 이유가 육아라니. 주위 동료들도 그냥 다른 곳에 이직하기 위한 변명이라고 받아들이는 분위기였다.

계속된 면담 요청을 거절만 하시던 본부장님도 내가 진지한 모습을 보이니 결국에는 1년간의 휴직을 제안해주셨다. 나로서는 손해될 게 전혀 없는 '꽃놀이패' 제안에 잠시 흔들렸다. 하지만 이직을 하고서 깨달은 것은 어디든 회사를 계속 다닌다면 상황은 바뀌지 않는다는 것이었다. 휴직을 하더라도 임시방편일 뿐, 다시 회사로 돌아가면 결국 같은 상황을 반복하게 될 것이 분명했다. 아예 회사를 그만두어야만 그 틀에서 완전히 벗어나 육아와 내 삶에 확실히 집중하며 새로운 인생을 살 수 있다고 생각했다. 무엇보다도 이미 나는 육아를 통해 새롭게 맞이할 상황에 기대가 가득했다.

결국 나는 퇴사를 하고 본격적인 '아빠 육아'의 길을 시작하게 되었다.

그렇게 아버지가 된다

《그렇게 아버지가 된다そして父になる》(고레에다 히로카즈 감독, 2013)는 스티븐 스필버그 감독이 "세상의 모든 사람들에게 보여주고 싶다."라며 극찬을 했던 영화다. 이 영화는 아들이 서로 바뀌었다는 사실을 6년이 지나서야 알게 된 두 일본 가정의 이야기를 그린다.

여기에는 서로 너무도 다른 두 아빠가 나온다. 한 사람은 대기업의 유능한 비즈니스맨으로 항상 바쁘고 퇴근해서도 집에서 밤늦게까지 일하는 남자다. 그는 하나뿐인 아들이 자신과 같은 엘리트코스를 밟게 하기 위해 엄격하고 냉정한 교육을 시킨다. 비즈니스맨 아빠의 가정에서는 가족들이 모여도 웃는 일이 거의 없다. 아내는 남편에게 항상 순종적이며 아이는 아빠의 부재를 애써 당연하게 여긴다.

반면 다른 사람은 한적한 동네에서 조그만 전파상을 운영하는 매사 엉성하고 실수투성이인 남자다. 하지만 아이들에게는 친구처럼 다정다감하고 장난도 잘 친다. 전파상 아빠의 집에서는 엄마가 맞벌이를 하고 아이들도 셋이나 되지만 서로 웃음이 끊이질 않는다.

인생과 가정, 아이에 대한 가치관이 전혀 다른 두 사람을 바라보고 있으면 누구랄 것도 없이 어떤 아빠가 지금 이 시대에 필요한 아빠인지 알게 된다.

비즈니스맨 아빠가 '권위적인 아버지, 돌아보지 않는 아버지'에서 '친구 같은 아빠, 가족과 함께하는 아빠'의 모습을 조금씩 보여주자 아이도 점차 아버지에게 마음의 문을 연다. 사라졌던 웃음소리가 다시 집 안에서 들리기 시작한다.

지금 우리에게 필요한 아버지는 그런 아버지다. 시대가 달라지며 아버지상도 바뀌었다. 이제는 일방적으로 지시를 내리고 앞만 보고 달리는 아버지가 아니라, 같은 눈높이에서 가족을 바라보고 위로하며 또한 가족으로부터 힘을 얻는 아버지를 아이들은 원하고 있다. 일만 열심히 하고 돈만 많이 벌어다 주면 모든 게 해결될 것이라고 착각해서는 안 된다. 일과 가정 사이에서 깨진 균형은 결코 돈으로는 채울 수 없다. 아내가, 아이들이 나에게 원하는 것은 금전적인 것이 전부가 아니라는 것을 나도 육아를 시작하고 나서야 알게 되었다.

왜 사는지, 무엇을 위해 사는지도 모른 채 하루하루를 보내던 내가 아이들 속으로 들어가게 되자 갑자기 세상이 달라지기 시작했다. 육아를 시작한 지금은 아침에 아이들과 웃으며 잠에서 깨어나고 저녁에는 온 가족이 둘러앉아 밥을 먹으며 수다를 떤다. 아이들을 품에 안고 잠에 드는 밤이 얼마나 행복한지는 말로 설명하기 어렵다. 행복이라는 추상적인 단어가 내 마음속에, 우리 가족의 마음속에 머무는 시간이 그 어느 때보다도 길어졌다.

우리는 내일 어떤 일이 벌어질지도 모르는데 백 년, 만 년 살 것처럼 하루를 희생하고 자신을 남들과 비교하며 힘들게 살고 있다. 인생, 단순하게 생각하면 어려울 게 없다. 쓸데없는 가식적인 기준들을 내려놓고 현재를 바라보면 의외로 결론은 단순해진다.

아빠가 집에서 육아를 한다고 해서 반드시 행복하고 더 나은 삶을 살 수 있는 것은 아니다. 하지만 지금의 현실에 불평, 불만만 늘어놓는다고 달라지는 것은 아무것도 없다. 남들이 하지 않아서 불안하게 보여도 한 가지 확실하게 말할 수 있는 것은, 일단 시작하면 새로운 세상이 열린다는 사실이다. 막연하게 불안하게만 여겨졌던 것들도 막상 해보니 그다지 큰 문제가 아니었다. 낯설고 힘든 길이지만 본인만 자신 있다면 충분히 가족 모두가 행복한 삶을 살 수가 있다.

돈이나 명예는 우리에게 반드시 행복을 가져다주지는 않는다. 그보다는 지금 소중하고 중요한 것들에 집중하다 보면 행복은 저절로 생겨나는 게 아닐까.

2

아빠 육아, 이것만 알고 시작하자

아빠 육아는 일시적 유행이 아니다

《인턴The Intern》(낸시 마이어스 감독, 2015)은 성공한 창업가인 30세 여자와 은퇴 후 복직한 70세 남자 인턴의 이야기를 다룬 영화다. 남자는 트렌드에도 뒤처지고 IT 기기를 다루는 데에도 서툰 시니어 인턴이지만, 회사와 가정 사이에서 고민하는 대표에게 자신의 인생 경험으로 적절한 조언을 하며 든든한 친구가 되어준다. 내용이 신선하기도 하고 감동과 교훈도 있던 영화라 무척 재미있게 보았다.

'가재는 게 편이다.'라더니 영화를 보는 내내 나의 눈을 사로잡은 이는 다름 아닌 여자 주인공의 남편이었다. 그는 창업한 지 1년 반 만에 직원 220명을 거느린 성공한 CEO 아내를 대신해서 어린 딸을 키우게 된 아빠였다. 그도 이전에는 마케팅 관련 회사를 다녔지만 아내가 바빠지고 나서부터는 집에 있게 된 것이었다.

회사의 새로운 외부 CEO로 누구를 정해야 할지 고민이라는 아내에게 남편은 "오늘 우리에겐 누가 인어공주 역할을 할지가 더 중요한 일이야."라는 말을 던진다. 회사에서 일을 하는 것 못지않게 가정에서 아이와 소중한 시간을 보내는 것 또한 중요한 일이라는 것을 당당하게 이야기하는 모습에서 나는 깊은 감동을 받았다.

남자들의 육아가 보편화된 북유럽 국가들의 예를 들지 않더라도, 이미 우리나라에서 남자가 육아하는 모습은 더 이상 낯선 광경이 아니다. 바로 미디어 덕분이다. 내가 육아를 시작할 때만 해도 지금처럼 아빠 육아가 방송가의 트렌드로 자리 잡지는 않았다. 그러나 드문드문 아빠와 아이들이 TV에 함께 나오기 시작하더니, 《아빠, 어디가》와 《슈퍼맨이 돌아왔다》를 기점으로 아빠 육아는 핫한 이슈가 되었다.

덕분에 '요즘 아빠'들의 수난시대가 시작됐다. 더 이상 주말에 늦잠이나 자고 TV 리모컨을 하루 종일 끌어안고 있는 간 큰 아빠는 주위에서 찾아보기 힘들다. 나는 비록 전업 육아를 하고 있지만, 주말에 아내들의 성화에 이끌려 놀이터에 나온 아빠들을 볼 때면 사실 조금 안쓰러운 마음이 든다. 평일에는 아침부터 밤늦게까지 회사에서 죽어라 일하고, 주말에도 가정에 최선을 다하는 만능 아빠를 원하는 사회 분위기가 매몰차게 느껴진다. '슈퍼맨' 자체가 말 그대로 현실에서는 존재하지 않는 남자 아닌가. 일도 잘하고 육아도 잘하는 그런 완벽한 남자는 세상에 없다.

아빠들이 불쌍한 것은 사실이지만 흘러가는 방향은 맞다. 시대와 동떨어진 컨셉이 트렌드일 수는 없다. 시대가 원하고 시절이 그렇게 가고 있기에 그런 컨셉이 나오는 것이다. 농업이 우리나라의 주된 경제활동이었던 시절에는 남자가 집안의 일꾼이자 재산이었다. 한 명의 일꾼이라도 많은 게 높은 생산성의 척도였기에 그 당시 어머니들은 그렇게 애를 쓰며 아들을 많이 낳기를 원했다. 공부를 시키는 것도 마찬가지였다. 워낙 남자와 여자의 차별이 당연시되던 시대였기에 공부는 대부분 아들들만 시켰다. 그러다 보니 사회 진출은 대부분 남자들의 몫이었다. 교육의 기회 자체가 불평등했던 시절이었다.

지금은 어떠한가. 우리 세대들은 대개 형제가 한 명 아니면 두 명이다. 여자라고 학교를 안 보내고 집에서 살림만 배우게 하는 것은 그야말로 호랑이 담배피던 시절 이야기다. 지금은 남자든 여자든 본인의 노력에 따라 똑같이 수준 높은 교육을 받을 수 있다. 더 이상 사회 진출이 남자들만의 전유물인 시대가 아닌 것이다. 대학진학률의 경우에도 2009년까지는 남성이 여성보다 꾸준히 높았으나 이후에는 여성이 남성보다 더 높아졌다고 한다. 상황이 역전된 것이다.

여성들의 사회적, 경제적 지위는 앞으로 더욱 향상될 것이다. 우리가 지금 논쟁하고 있는 '육아와 살림을 누가 더 책임져야 하는가?'라는 것도 결국 과도기적인 문제다. 앞으로 우리 아이들 세대에서는 남자들의 육아 참여가 이미 일반화되어 있을 확률이 높다. 육아와 살림이 더 이상 아내만의 몫이 아닌 부부의 공통 의무일 것이라는 말이다.

우리 세대는 아직 과도기적 상황에 있기 때문에 일과 가정을 양립하기가 힘이 든다. 가부장제가 보편적이었던 부모님 세대의 이해를 구하기도 어렵고, 정부에서도 모범 사례나 기존 경험이 없으니 단편적이고 근시안적인 해결책만 제시하고 있다. 하지만 실생활에서는 이미 여성의 사회 진출이 늘어나면서 부부의 역할에 대한 개념이 바뀌고 있다. 주위의 결혼한 커플들을 봐도 이제는 남자라고 무조건 아내보다 높은 소득을 올리고 있지는 않다. 능력 있는 여자와 결혼하는 게 남자들에게 수치스러운 일이 아닌 부러운 일이 되고 있다.

미국에서 살림하는 아빠들의 이야기를 다룬 『아빠의 이동 The Daddy Shift』(제러미 스미스, 들녘, 2012)이라는 책을 보면 다양한 아빠 육아의 사례가 나온다. 작가 본인이 직접 두 살 된 아이를 키우면서 겪었던 경험들을 바탕으로 아빠 육아의 역사부터 최근 아빠들이 집으로 들어오고 있는 이유까지 광범위한 조사와 학문적인 연구를 더해 설명하고 있다. 선진국이라고 생각했던 미국만 하더라도 가정과 일의 균형이라는 관점에서는 우리나라와 별반 다르지 않다. 제도적인 육아 시스템이 잘 갖추어져 있지도 않고, 남자든 여자든 육아 휴직에 대한 회사의 인식도 보수적이다. 아이를 맡기는 보육비용도 비싸서 맞벌이 부부의 대안으로 미국에서도 아빠가 육아를 하는 경우가 점차 늘고 있다고 한다. 저자는 아빠가 집에서 살림을 하는 모습은 아빠의 권위가 땅에 떨어진 것이 아니라 사회 변화에 따른 자연스러운 현상이고 더 좋은 세상으로 나아가는 가능성의 개화라고 말한다.

친한 친구들 중에서도 나와 같은 길을 가는 경우가 하나둘씩 늘어나고 있다. 건설 회사에 다니며 맞벌이를 하던 친구는 일상적인 지방 근무로 항상 가족과 떨어져 있어야 하는 처지를 힘들어했다. 그러던 차에 회사에서 희망퇴직을 실시하는 것을 보고 과감히 퇴사를 결정했다. 독박 육아에 오랜 주말 부부생활로 지쳐 있던 아내 또한 그의 결정에 크게 반대를 하지 않았다고 한다. 미래에 대한 걱정과 고민보다 현재의 삶 자체가 너무도 힘든 맞벌이 부부의 실상을 누구보다 잘 아는 나였기에 친구에게 많은 조언과 용기를 주었다. 친구는 지금 새로운 인생을 준비하면서 아이들과도 더 많은 시간을 보내며 만족스럽게 살고 있다.

결혼하고 아이를 낳았다는 이유만으로 아내가 집에 있어야 한다는 논리는 이제 구시대적인 발상이다. 부부 모두가 일을 중단하지 않고 육아와 살림을 같이 할 수 있는 경우가 최상이겠지만, 어쩔 수 없이 한 명이 그만두어야 한다면 이제는 남편도 그 고려 대상이 될 수 있다. 남편이 그만두는 것이 가정의 안정이나 경제적인 면으로 봤을 때 더 낫다면, 그렇게 하면 된다. 사회적 통념이니 주위의 시선이니 이런 것은 중요하지 않다. 가장 최선의 선택은 오직 부부 두 사람만이 내릴 수 있다.

고용노동부에 의하면 "2016년 기준 남성 육아 휴직자는 총 7천616명으로 전년(4천872명)보다 56.3% 증가했고 전체 육아 휴직자 8만 9천795명 중 남성 육아 휴직자 비율은 8.5%를 돌파해 전년보다 2.9%p 높아졌다."고 한다. 남성의 육아 휴직자 비율이 2013년만 하더라도 전체 육아 휴직자 중에서 3.3%에 불과했다는 사실을 본다면 가히 폭발적인 증가세다. 이런 추세대로라면 우리나라에서도 육아 휴직자 10명 중 2~3명이 아빠인 상황도 머지않아 보인다. 제도적 지원과 사회적 인식 변화가 한몫을 했겠지만, 무엇보다도 이 결과는 더 이상 직장과 주변의 눈치를 보지 않는 용감한 아빠들이 늘어나고 있다는 방증으로 보아야 할 것이다.

아빠 육아는 일시적인 트렌드가 아니다. 사회, 경제적 변화에 따른 자연스러운 현상이다. 앞으로 육아에만 전념하는 아빠는 지금보다 더욱 늘어날 것이다. 그리고 더 많은 아빠들이 일과 가정 사이에서 균형을 찾기 위해 노력할 것이다. 육아는 이제 단지 엄마의 전유물이 아닌 부부 모두의 관심과 노력이 필요한 것이라고 인식이 바뀌고 있다. "아빠는 돈만 잘 벌면 된다."라고 생각하던 시대가 아니다. 그렇게 생각하고 평생을 살아왔던 아버지들이 퇴직하고 가정으로 돌아왔을 때 정작 아무도 반겨주지 않았던 그 허탈한 현실을 우리는 이미 목격했다.

퇴사한다고 가정이 파산하지는 않는다

아빠 육아를 가장 망설이게 하는 장애물은 무엇일까? 당연히 경제적인 부분일 것이다. 특히 맞벌이 부부의 경우 한 사람이 직장을 그만두면 그 즉시 소득의 절반이 줄어든다. 부부 두 사람이 벌어서 그나마 유지가 가능했는데 소득의 절반이 준다고 생각하면 엄두가 나지 않는 게 당연하다. 아무리 육아의 기회가 소중하고 추천할 만한 점들이 많다고 하더라도 현실적인 문제 앞에서는 포기하게 되는 것이다.

통계청 자료에 따르면 2016년 맞벌이 가구의 월 평균 소득은 556만 원이고 외벌이 가구의 경우는 372만 원이다. 맞벌이 가구가 전체 소득은 높지만 지출을 제외한 월 저축액은 사실 별반 차이가 없을 것이다. 일단 아이를 다른 사람에게 맡겨야 하는 보육비가 추가로 들 것이고, 두 사람이 직장 생활을 하기 때문에 그에 따른 지출도 추가적으로 발생하기 때문이다. 두 사람 모두 돈을 번다는 생각이 있으니 외벌이에 비해 지출에 크게 신경 쓰지 않는 경향도 크다.

나의 첫 직장은 한때 높은 연봉과 안정성으로 인기가 높았던 조선사였다. 입사와 동시에 조선업의 슈퍼 사이클이 시작되어 친구들의 부러움을 한 몸에 받았다. 매년 연봉은 껑충껑충 뛰는 데다가 받아 놓은 회사 주식은 연봉 이상의 수익을 내고 있었다. 거기에다 개인적으로 하고 있던 금융 투자에서도 쏠쏠한 수익을 올리고 있었으니 나의 씀씀이는 동년배 직장인들보다 훨씬 컸다.

아내 또한 맞벌이를 하고 있었기 때문에 우리 부부는 돈을 절약해야 한다는 생각이 크게 들지 않았다. 일 년에 한두 번씩 해외여행도 가고, 생활비나 아이들 지출에도 큰 고민 없이 돈을 쓰곤 했다. 그런 소비에 익숙했기 때문에 내가 퇴사를 했다고 해서 곧바로 '절약 모드'로 바뀌지는 않았다. 먹고 싶은 것, 사고 싶은 것은 여전히 별다른 고민 없이 샀다.

그렇게 소비에 무감각했던 우리도 결국에는 현실을 받아들여야 했다. 지출은 크게 줄지 않은 채 월급이 하나 사라지니 조금씩 마이너스가 늘기 시작한 것이다. 아내의 월급으로는 이미 커져버린 소비 습관을 감당할 수 없었다. 나도 퇴사 이후 나름

대로 금융 투자를 하고는 있었지만, 투자라는 것이 월급처럼 고정적인 수익이 나오는 게 아니기에 손실이라도 본 달에는 금전적 압박이 훨씬 심했다. 가계에 월급이 고정적으로 들어오는 것과 아닌 것은 엄청난 차이가 있었다. 퇴사를 고민할 때에 월급이 없는 상황을 떠올려보기는 했지만, 몸소 체험하니 훨씬 아찔했다. 뒤늦게 월급의 안정감과 중요성을 느끼게 된 것이다.

결혼 후 처음으로 가계부를 쓰기 시작했다. 아내의 월급만으로 생활한다고 가정했을 때 과연 가계 운영이 가능한지를 보고 싶었다. 막상 세세한 것까지 내역을 뽑아보니 불필요한 지출이 너무나도 많았다. 나도 모르게 자동이체되는 보험료까지 있었다.

가장 큰 문제는 역시 소비 습관이었다. 예전에는 지인들과 술자리를 하면 꼭 내가 먼저 계산하려 하고, 사고 싶은 물건은 가격이 몇십만 원이라도 별 고민 없이 사곤 했다. '소비를 줄이는 것보다 소득을 늘리면 되는 것 아니냐.'는 지금 생각해보면 부끄러운 생각을 한 적도 있었다. 한창 돈을 벌 때의 잘못된 소비 습관이 아직 남아 있었기 때문에 그것을 고치는 게 가장 시급했다.

우선 무의미한 낭비를 줄이는 것부터 시작했다. 좋아하던 쇼핑을 줄이고 외식비를 절감했다. 나의 경우 어차피 고정적으로 사람을 만나는 것도 아니고, 삼시 세끼도 집에서 다 해결할 수 있으므로 사실 특별히 돈이 나갈 일이 없었다. 외출을 하더라도 불필요한 지출을 줄이기 위해 간식과 물 등을 집에서 챙겨 나갔다. 술 약속도 자제했다. 만약 술자리에 가게 되더라도 택시비를 아끼기 위해 버스 막차 시간을 확인하는 게 버릇이 되었다.

아내의 소비 습관을 관리하는 것도 내 일이 되었다. 원래부터 나보다는 훨씬 검소했지만 달라진 내가 보기에는 지적할 부분이 많이 보였다. 아내가 무얼 사야 한다고 이야기하면 일단 "잠깐만."이 자동으로 나온다. 마트에 가서도 아내가 담은 물건들을 최종적으로 고르고 빼는 것은 내 일이다. 가끔 귀찮아서 치킨이나 피자를 시키려는 아내의 말에 "그러지 말고 내가 금방 가정식 백반 준비할게."라고 만류한다.

아이들에게 쓰는 지출도 줄였다. 사교육은 원래 거의 시키지 않았지만, 내가 가르칠 수 있는 부분들은 직접 가르쳤다. 마트에 가면 별 생각 없이 사주던 아이들 과자나 간식거리도 웬만해서는 사주지 않는다. 어차피 많이 먹어서 몸에 좋지도 않을 것들이다. 아이들도 이런 분위기에 적응이 되어서 무얼 사달라고 떼쓰는 일이 줄어들었다.

본가나 처갓집에 갈 때마다 어른들이 챙겨주시는 음식도, 예전에는 "괜찮아요. 가져가봤자 다 못 먹고 버리니까 챙겨주지 마세요."라고 했던 내가 지금은 거절하는 법이 없다. 식재료나 반찬들은 모두 살림 밑천이니 주시면 주시는 대로 군말 없이 다 받아온다.

한번 몸에 밴 습관은 점점 가속도가 붙었다. 마치 얼마나 안 쓸 수 있는지 내기하는 것 같았다. 일단 줄이고 안 쓰려고 하다 보니 예전에는 미처 생각지도 못했던 낭비들까지 눈에 보이기 시작했다. 안 쓰는 전기 플러그는 눈에 보이는 대로 뽑아 놓고, 샤워할 때도 물은 사용할 때만 켰다. 나중에는 아무 생각 없이 쓰던 화장실 휴지까지도 마음대로 쓰는 게 아까워졌다.

그렇게 근검절약이 습관이 되었다. 시원하게 돈 쓰고 다니던 내가 어느 순간 소위 말하는 '쫌생이'가 됐다. 이제는 천 원, 이천 원도 나가는 것도 신경이 쓰인다. 몇십만 원, 몇백만 원 지출에도 아무렇지 않던 내가 몇천 원짜리 커피 한 잔에도 가슴이 철렁한다. 아내는 이런 나를 '우리 아빠가 달라졌어요.'라고 살짝 비꼬기도 했다.

흔히 절약은 '절박함'의 차이라고 한다. 아내가 벌어주는 월급으로 생활을 해보니 돈이 얼마나 소중한지 알게 되었다. 소중함을 알았기에 그런 돈을 예전처럼 함부로 쓸 수가 없었다. 최대한 아끼고 낭비하지 않겠다는 생각이 절로 들었다.

아직 아이들이 어리기에 가장 돈을 많이 모을 수 있는 40대 전후의 직장인들을 보면 따로 저축을 하는 경우가 많지 않다. 월급이란 평생 보장되는 것이 아님을 알면서도 대부분을 한 달 지출에 쓰고는 한다. 당장 매달 들어오는 월급이 있으니 경각심이 잘 생기지 않는 것이다.

돈이라는 것은 많이 벌면 그만큼 더 쓰게 마련이다. 아무리 부부 두 사람이 각자 억대 연봉을 받더라도 쓰는 데에는 한계가 없다. 대기업을 다니든지, 중소기업을 다니든지 항상 돈이 모자라는 것은 모두 마찬가지이지 않은가. 그러니 맞벌이보다 중요한 것은 건전한 소비다. 얼마나 소득 대비 지출을 알뜰하게 하느냐에 따라 순소득에서 차이가 나는 것이다.

아빠가 육아를 하면 전체 소득이 줄어드는 것은 맞지만, 그렇다고 모두 파산을 하는 것은 아니다. 있으면 있는 대로, 없으면 없는 대로 맞추어 살면 된다. '가난은 불편할 뿐이지 불행한 게 아니다.'라는 말도 있지 않은가. 예전처럼 사고 싶은 것, 먹고 싶은 것을 마음대로 하지 못한다고 해도 나는 지금 전혀 불행하지 않다. 오히려 그때가 비정상이었고 지금의 모습이 더 정상으로 보인다.

뒤에서 이야기하겠지만, 아빠가 회사를 그만두면 경제적으로는 부족하고 불편하더라도 그에 대한 보답으로 가치를 따질 수 없는 것들을 얻게 된다. 또 엄마의 월급만으로 아빠가 살림살이를 직접 경험해보는 것도 의미가 있다. 아빠가 다시 사회에 나가게 되었을 때 돈의 소중함도 알게 되고 건전한 소비 습관도 가질 수 있는 계기가 되니 말이다.

『논어』에 이런 구절이 있다.

“사치스럽게 하다 보면 공손함을 잃게 되고, 검소하게 하다 보면 고루하게 되지만, 공손함을 잃기보다는 차라리 고루한 것이 낫다.”

나도 이제는 ‘고루한 게 더 낫다.’라고 생각한다.

아내가 뼛속까지 커리어 우먼인지 파악하라

아빠 육아의 기본 전제는 당연히 아내가 돈을 벌어야 한다는 사실이다. 아내도 집에 있는데 아빠까지 집에서 육아를 하겠다는 것은 아빠 육아의 개념이 아니다. 두 사람 중 한 사람은 경제활동을 하고 나머지 한 사람이 육아를 하되, 아빠가 육아를 맡는 것이 아빠 육아의 개념이다. 만약 아내가 남편보다 더 안정적이고 더 높은 수입을 올리는 경우라면 아빠가 육아를 해야 할 이유가 더 커진다. 그렇지 않다 하더라도 남편이 육아를 하면서 새로운 일을 찾을 때까지 아내가 일을 할 수 있다면 일단 가능하다.

아빠 육아를 시작하기 전에 고려해야 할 중요한 조건이 있다. 그것은 바로 아내의 성향이다. 아내가 진정으로 가정 안에서보다 외부에 나가서 일하기를 원하는지부터 먼저 파악해야 한다. 물론 아내가 일을 한다고 무작정 직장을 그만두는 남편은 없겠지만, 아내를 믿고 그만두었는데 얼마 지나지 않아 아내가 일을 못하겠다고 그만둬버리면 정말 낭패가 아닐 수 없기 때문이다. 그러면 정말 하루아침에 가족들이 집에서 손가락 빨고 있어야 한다. 그런 인생의 쓴맛을 보기 전에, 먼저 아내가 진정으로 일을 원하는 사회적인 동물인지를 잘 알아봐야 한다.

나의 아내는 두 번의 출산과 두 번의 육아 휴직을 경험했다. 다행히 아내의 회사는 육아 휴직에 관대하여 매번 1년 정도를 육아에만 전념할 수 있었다. 다시 말해, 2년 가까운 시간을 아빠만 일을 하는 외벌이 가정처럼 생활하는 연습을 해볼 수 있었던 것이다. 그때 알게 됐다. '아내는 집에 있는 것보다는 회사를 다니는 게 더 적성에 맞겠구나.'

아내는 전형적인 외향적 인간이다. 에너지도 넘치고 사람들을 만나는 것도 좋아한다. 휴일에도 가만히 집에서 쉬지를 못한다. 일정이 없더라도 일단 밖으로 나가야 한다. 신혼 초에 주말마다 나가자고 새벽부터 나를 깨우는 아내 때문에 한동안 만성 피로에 시달리기도 했다. 주말에는 하루 종일 퍼질러 자던 나의 총각 시절 버릇도 결혼과 동시에 사라졌다. 그렇게 에너지 넘치고 열정적인 아내가 아이를 키운다고 하루 종일 집에만 있었으니 얼마나 답답했겠는가.

당연히 육아 휴직 기간에도 가만히 있지를 않았다. 휴직 기간이면 회사를 안 가도 되니 아이와 단둘이 집에서 조용히 시간을 보내면 좋으련만 하루도 가만히 쉬는 날이 없었다. 태어난 지 몇 개월도 안 된 아이를 유모차에 태우고 동네 구석구석을 그렇게 돌아다녔다. 같은 아파트 단지에서 또래 아이들의 엄마 모임을 처음 만든 것도 아내였다. 보통 엄마들은 같은 또래처럼 보여도 눈인사만 하고 지나가는 경우가 대부분인데 한 집, 두 집 불러 모으더니 결국에는 동네 엄마 모임을 만들었다. 유모차 부대를 앞세워서 장도 같이 보러 가고, 육아 박람회라도 있으면 함께 장거리 원정도 다녀오고는 했다. 나는 아내의 그 넘치는 열정에 혀를 내둘렀다. 나라면 피곤해서라도 못했을 텐데 말이다.

그런 아내인데 단조롭고 답답한 육아 생활에 만족을 할 리가 있었겠는가. 휴직 기간 내내 아내는 나에게 다시 회사 나가서 일하고 싶다는 말을 수시로 했다. 육아가 힘들어서 하는 말이겠거니 했지만 아내는 진지했다.

"아침에 어떤 젊은 여자가 단정한 오피스룩에 하이힐 신고 출근하는 모습을 보니 유모차를 끌고 있는 내가 갑자기 너무도 초라하게 느껴지는 거야. 그런데 어쩌면 나는 다시는 저런 모습을 할 수 없을지도 모른다고 생각하니 우울하기도 하고 어떻게든 다시 회사에 나가야겠다는 생각이 들었어."

사실 나조차도 아내에게 현모양처는 잘 어울리지 않는다는 생각을 했다. 하지만 그 당시 내가 아내에게 해줄 수 있는 것은 위로뿐이었다.

"그래도 어쩌겠어, 엄마인데 다른 대안이 없잖아."

아내가 육아 휴직을 하는 동안 우리 부부는 정말 많이도 싸웠다. 아내는 본인의 넘치는 에너지를 밖에서 마음껏 풀지 못하니 나에게 다 푸는 것 같았다. 내가 없을 때에는 아이들이 그 대상이 됐다. 아내를 집에만 두기에는 그 공간이 감당을 할 수 없겠다는 생각이 들었다. 마치 시한폭탄 하나를 집 안에 두고 있는 느낌. 앞으로 평생 이런 불안한 생활을 계속 해야 한다고 생각하니 걱정이 앞섰다. 그리고 수없이 생각했다. '아, 역시 사자는 초원에서 살아야 하는가 보다.'

내가 직접 육아를 하기로 결정한 것은 모두 이런 경험들에 바탕을 둔 것이다. 결코 즉흥적으로 판단해서 내린 결정이 아니다. 나의 성향과 아내의 성향 등을 고려해 오랜 시간 서로 고민해서 내린 결정이었다. 게다가 한번 남들과 반대로 해보는 것도 나쁘지 않을 것 같았다. 그 당시 아내는 나가고 싶어 했고, 나는 들어오고 싶어 했으니 말이다.

아빠 육아가 자리를 잡은 지금, 아내는 여전히 회사를 잘 다니고 있다. 그동안 연봉도 올랐고 직급도 올랐으니 더 다닐 맛이 날 터다. 마냥 즐거운 회사 생활은 아니겠지만 예상했던 대로 직장 생활에 만족하며 살고 있다. 하이힐에 화사한 정장을 차려입고 자신감 넘치는 모습으로 출근하는 아내를 보면 '그래, 당신은 일을 하는 게 어울리는 여자야.'라는 생각이 절로 든다. 그런 아내가 평생 집에서 아이들을 보면서 살림을 한다는 게 이제는 상상이 잘 안 간다. 가끔 힘들지 않느냐고 물어보면 "이제는 가장의 책임감으로 다녀."라고 말하기까지 한다.

하지만 모든 아내들이 밖에 나가서 일하기를 원하는 것은 아니다. 집에서 살림하고 아이를 돌보는 생활이 적성에 맞고 더 만족스러운 엄마들도 많다. 그런 성향의 아내들까지 등 떠밀어 밖으로 내보내서는 안 된다. 내가 말하는 아내는 금전적인 걱정 없이 집에서 아이만 키우면 되는 상황에서도 가만히 집에 있지 못하는 경우다. 이런 엄마들은 집에 있으면 병이 난다. 돈이 문제가 아니라 자신의 성격 때문이다. 그녀들은 아이를 키우면서도 끊임없이 밖에 나가 일할 생각을 한다. 누가 시키지도 않았는데 자격증을 따거나 창업 관련 기술을 배우거나 해서 호심탐탐 나갈 기회를 노린다.

우리 가족에게는 이웃사촌이라는 말을 실감하게 하는 동네 사모임이 있다. 모임의 엄마들 중 처음 만났을 때 맞벌이를 하고 있던 엄마는 9명 중 3명뿐이었다. 나머지는 다들 결혼하고 애를 키우면서 일을 그만두었다고 했다. 그런데 지금은 아이 셋을 키우는 엄마 한 사람 빼고는 모두 일을 한다. 분야도 다양하다. 대학 강사, 헬스 트레이너, 미술학원 원장, 일반 회사원, 심지어 경찰공무원까지 있다.

'끼리끼리 뭉친다.'는 말처럼 내가 느낀 그 엄마들의 공통점은 다들 에너지가 넘친다는 것이었다. 누구 하나 집에서 가만히 살림을 하는 게 어울리는 사람이 없어 보였다. 다들 능력도 좋아서 뭐라도 하면 잘하겠다는 생각을 했다. 그런 기대에 어긋나지 않게 아이들이 어느 정도 커서 점점 손이 안 가기 시작하니 결국 한 명, 두 명씩 일을 찾기 시작했다. 직장을 구해 무리에서 이탈하는 엄마들이 늘어나자, 그때부터는 서로 경쟁적으로 일을 찾는 분위기로 바뀌었다.

그나마 경력 단절 기간이 짧아서 예전 분야에서 다시 일을 시작한 경우도 있었고, 전혀 다른 분야에 도전한 경우도 있었다. 몇 달간 필기 시험과 체력 테스트를 준비해 본인조차 생소한 경찰공무원에 합격한 엄마의 경우는 한동안 화제가 되었다. 당사자의 남편은 "우리 집 노후 걱정은 이제 끝!"이라며 즐거워했다. 다른 남편들의 경우에도 비록 아내가 일을 하게 되어 본인들이 육아와 살림에 신경을 써야 하는 부분이 늘어났지만,

불만이 있는 경우는 없었다. 오히려 아내가 더 잘되면 서로 일을 그만두겠다고 난리였다.

우리 사회만 보아도 각계각층에서 뛰어난 역량을 발휘하는 엄마들이 많다. 남자들보다도 더 카리스마 있게 열정적으로 일하는 모습은 웬만한 남자들 저리 가라 할 정도다. 그런 분들에게 전통적인 가치관을 들이밀며 집에서 살림하라고 아무리 이야기한들 통하기나 할까? '송충이는 솔잎을 먹고 살아야 한다.'는 말처럼 아내들 중에서도 밖에 나가서 일을 하는 게 맞는 사람이 분명히 있다. 그러니 일과 사회생활이 맞는 사람은 그렇게 하는 게 맞다.

엄마의 성향만이 아니라 아빠의 성향 또한 파악해야 한다. 여자에게도 어느 정도의 남성성이 있듯이 남자에게도 어느 정도의 여성성이 있다. 아빠 육아는 마초스럽기보다는 여성적인 면이 좀 더 있는 아빠들이 유리할 것이다. 나 역시도 내가 스스로 육아를 선택하려고 했다는 것만 보아도 그런 성격이 어느 정도 내면에 있기 때문에 아빠 육아가 가능했다고 생각한다.

모든 남자들이 사회생활에 다 어울리는 것은 아니다. 남자는 돈을 벌어야 한다는 고정관념이 있으니까 일을 하는 것이지, 의외로 집에서 살림하는 게 적성에 맞는 사람들도 많다. 사람들과 부대끼는 것을 싫어하고 조용히 자기 일만 하는 것을 좋아하는 사람들은 육아와 살림이 잘 맞을 수 있다. 게다가 아빠라고 무조건 참아내고 돈을 벌어야 한다는 법이 어디 있는가. 육아하는 엄마들도 아프지만 일하는 아빠도 충분히 아프다.

아빠 육아를 선택할 때 가장 우선시되어야 하는 것은 바로 부부 두 사람이다. 부부의 상황은 부부만이 안다. 주위에서 아무리 조언을 한다고 해도 당사자들만큼 잘 알기는 힘들다. 아내가 뼛속까지 커리어 우먼이라면 일단 아빠 육아를 고려해볼 만하다. 밖에 나가서 신명 나게 일을 해야 하는 사람은 그렇게 하는 게 맞다. 아빠의 성향까지도 그런 아내를 뒷받침해 주기에 충분하다면 일단 필요충분조건은 성립되었다고 본다. 사회적 편견에 맞추어 사는 것보다 각자의 개성이나 성향에 맞게 사는 것도 부부가 행복해질 수 있는 한 가지 방법이다. 남들 보기에는 이상하게 보여도 어쩌면 그게 순리일지 모른다.

한번 시작하면 다시 돌아가기 어렵다

국세청에 따르면 "자영업자가 창업한 지 3년 내 문을 닫는 폐업률이 70%, 특히 음식업의 폐업률은 84.1%에 달한다."고 한다. 이렇게 살 떨리는 통계 자료를 본다면 요즘 같은 불황에 회사를 그만두는 것은 현명한 선택이 아니다. 아무리 회사에서 스트레스를 받더라도 때가 되면 나오는 월급과 조직에 속해 있다는 안징감을 무시할 수 없다. 비록 '월, 화, 수, 목, 금, 금, 금'이라고 해도 한 달에 하루를 쉴까 말까 하는 자영업자들과 비교해보면 직장인들은 그래도 많이 쉬는 편이다.

물론 회사를 다니는 것도 쉬운 일은 아니다. 어떤 회사가 정년이 될 때까지 직원에게 일도 설렁설렁 하게 하고 월급도 따박따박 주겠는가. 한 치 앞도 예상할 수 없는 무한 경쟁의 시대에 대기업도 내일을 기약할 수 없는 상황이다. 생존을 걱정하는 기업 입장에서 직원들 간에 치열한 경쟁을 유발시켜 더 나은 성과를 빠르게 도출해내려는 노력은 당연하다. 그 안에서 직원들이 치열한 생존 경쟁을 하다 보면 낙오자도 생기고 본인 스스로도 지치고 힘들어 퇴사를 결심하게 된다. 하지만 회사 내에서의 전쟁이라면 그래도 일단 해볼 만은 하지 않는가. 어차피 비슷한 조건으로 입사한 사람들과의 경쟁이니 말이다. 회사 다니는 게 힘들어 퇴사를 고민한다면, 사회는 그야말로 알몸으로 벗겨져 야생에 내던져지는 곳이라고 보면 된다.

야생이라는 곳은 어떤가. 깜깜한 야밤에 산에 올라가본 적이 있는가. 아무리 자주 올라가는 익숙한 동네 뒷산이라도 아무도 없는 야밤에 혼자 오르면 그곳은 낮과는 전혀 다른 곳이 된다. 사소한 동물 소리에도 소스라치게 놀라는 자신을 발견할 수 있다. 나 혼자만 눈을 감고 있고 모두가 나를 지켜보는 딱 그 느낌이다. 칠흑 같은 어둠속에서 오직 나만이 가장 나약한 존재라는 사실을 비로소 깨닫게 된다.

퇴직한 지 얼마 되지 않았을 때는 잘 모른다. 조직에 소속되어 있었던 안정감이 관성으로 남아 있기 때문이다. 그러다가 아침에 어디로든 출근하지 않고 혼자 있는 생활을 계속하다 보면 서서히 깨닫게 된다. '이제 더 이상 나를 지켜줄 든든한 조직도 동료들도 없구나.' 예전에는 느끼지 못했던 뭔가 허전하고 싸늘한 느낌도 찾아온다. 그러다가 무턱대고 시작한 사업에서 실패를 하거나 사기라도 당하게 되면 더욱 뼈저리게 알게 된다.

'내가 지금 야생에 아무런 보호도 없이 혼자 발가벗겨져 나와 있구나.'

다행인지 불행인지 나는 그 야생이라는 느낌을 조금 늦게 알게 되었다. 치밀한 계획이나 사전 준비 없이 무작정 퇴사하고 시작한 육아였지만 한동안은 큰 문제 없이 생활을 잘 유지해 나갔다. 줄어든 수입으로 인한 금전적인 문제도 개인적으로 해오던 금융 투자에서의 수익이 월급만큼 나오자 크게 문제가 되지 않았다. '이럴 줄 알았으면 진작 그만둘걸.'이라는 생각도 했다. 나는 직장을 떠나 나름의 자유를 얻었고, 아내는 아내대로 일하면서 만족하고 있었으며, 아이들도 아빠와 엄마의 손으로 잘 키워지고 있었으니 말이다.

하지만 인생에서 철저하게 행복한 시간은 오래가지 않는다고 했던가. 믿었던 투자에서 수익이 나지 않는 시기가 길어지자 상황이 완전히 뒤바뀌었다. 그동안 모아둔 돈이 조금씩 조금씩 생활비로 사라지게 되니 '생존'이라는 단어가 현실로 다가왔다. 수익은 나지 않는데 잔고는 계속 줄어가니 그야말로 살 떨리는 하루하루가 이어졌다. 나름 육아라는 일을 맡고는 있었지만 밥벌이를 하지 못한다는 생각에 아내의 눈치가 보이기 시작했다. 아내도 언젠가는 회사를 그만둘 수도 있는데 그전에 내가 뭐라도 준비해야 한다는 조바심이 생겼다.

그렇다고 새로운 일을 찾아보려고 하니 막막했다. 일반 사무직으로 회사 경력을 쌓아 온 내가 사회에 나와서 할 수 있는 일이라고는 일반 자영업뿐이었다. 과거에 내가 어떤 회사에서 어떤 일을 했는지는 전혀 중요하지 않았다. 특별한 기술이 없는 내가 할 수 있는 일은 아무리 둘러봐도 없어 보였다. 그동안 한 곳만 바라보며 몇십 년 동안 열심히 살았다고 생각했는데, 퇴사를 하고 나니 '나'라는 사람은 세상에서 아주 미약하고 쓸모가 없는 존재일 뿐이었다. 비로소 냉엄한 현실을 보게 된 것이다. 경제적인 어려움과 미래에 대한 불안감으로 한동안 불면증에 시달리기도 했다. 가만히 있으면 가슴이 죄어오는 느낌 때문에 남의 일이라고만 생각했던 정신과 상담까지도 받은 적이 있었다.

그러니 육아를 시작하겠다고 생각하는 아빠들은 한번쯤 이후에 벌어질 상황을 미리 그려보기를 권한다. 반드시 본인의 예상과 계획대로 진행된다는 보장은 없다. 냉정하고 잔인한 현실을 체험하고서 후회하면 이미 늦다. 다시 돌이킬 수가 없다.

요즘은 이직 시장도 경쟁이 치열해져서 경력이 단절된 지 몇 개월만 지나도 재취업하기가 쉽지 않다. 기업들의 상시 구조조정으로 고급 인력들이 시장에 넘쳐나기 때문이다. 정작 본인은 몇 달이 별 것 아니라고 생각하겠지만, 회사는 단순히 구직자의 경력 단절 기간만을 보지 않는다. 공백 기간이 길어지면 소위 '회사 생활에 별로 미련 없는 사람'으로 인식하기 때문에 그 장벽을 넘어 재취업하기가 쉽지 않다. 나 또한 퇴사 이후 초반에는 가끔씩 헤드헌팅 업체로부터 몇 차례 취업 문의가 오고는 했다. 그런데 나중에 혹시나 해서 아직도 가능한지 물어봤더니 단칼에 거절을 당했다.

"요즘엔 경력 공백이 조금이라도 있으면 회사에서 원하질 않아요. 꽉꽉 채워진 능력 있는 경력자들도 넘치는 판인데요."

육아 휴직도 마찬가지이다. 우리나라도 남자가 육아 휴직을 쓰는 비율이 증가하고 있고 사회적인 분위기도 권장하는 쪽으로 바뀌고 있지만, 스웨덴이나 다른 육아 선진국들처럼 제도적으로 강제되지 않는다면 현실적으로 정착되기는 쉽지 않아 보인다. 여전히 육아 휴직에 인색한 기업 문화 때문이다. 여자의 경우도 아직 눈치가 보이는데 남자의 경우는 그 정도가 더 심할 것이다. 회사의 높으신 분들 중에는 남자가 왜 육아를 도와야 하는지 이해조차 못하시는 분들이 아직 많다.

실제로 1년 동안 용감하게 육아 휴직을 한 아빠의 이야기를 들어보면, 복직 이후 달라진 업무와 분위기는 별 문제가 아니었지만 정작 힘든 것은 동기들은 물론이고 후배들에게도 승진에서 밀리는 현실이었다고 했다. 1년간의 공백이 있었으니 어느 정도 예상한 결과였겠지만 실제로 겪게 되니 스트레스와 심리적인 불안감을 이겨내기가 힘들었다고 말했다.

"좋은 의도에서 육아 휴직을 하고 돌아왔지만 회사 내에서는 이미 경쟁에서 낙오된 분위기가 느껴졌어요. 내가 너무 낭만적으로 생각한 게 아닌가란 후회가 드네요."

법으로 강제되는 의무로서 자격이 되는 모든 아빠들이 육아 휴직을 반드시 써야 한다면 모를까, 결국에는 육아 휴직자들만 회사에서 더 빨리 퇴출될 확률이 높아지는데 누가 용감히 육아 휴직을 할 수 있을까?

아이를 직접 키우다 보면 생기는 '부성애' 또한 예전의 '나'로 되돌아가기 힘들게 만드는 요인 중 하나다. 치열하게 회사에서 경쟁하면서 일밖에 모르던 아빠가 아이들과 함께 시간을 보내다 보면 엄마들 못지않은 '부성애'가 생긴다. 엄마들의 복직을 가장 힘들게 하는 이유 중 하나도 '모성애' 아니던가. 아빠도 한동안 가슴으로 키운 아이들을 매정하게 떼어 놓고 회사로 돌아가기가 쉽지 않다. 돌아간다 하더라도 가족의 소중함을 알아버린 이상 예전처럼 치열하게 일해야겠다는 생각이 줄어들게 마련이다. 때문에 결국 가정으로 다시 돌아오게 될 가능성이 높아진다.

잠시라도 육아를 경험하는 것은 나도 적극 찬성한다. 하지만 그로 인해 결국에는 퇴사하게 될 확률 또한 높아진다는 사실을 한번쯤은 생각해봤으면 좋겠다. 퇴사하면 벌어질 냉혹한 현실도 함께 말이다. 그러니 '그냥 한번 해보자.'라는 마인드로 아빠 육아를 쉽게 생각하고 도전해서는 안 된다. '한번 시작하면 예전의 나로는 다시 돌아갈 수 없다.' '완전히 새로운 인생을 살겠다.'라는 각오로 시작해야 한다. 그래야만 아빠 육아의 경험이 실패로 남지 않을 것이다.

멘붕 상황은 도처에 널려 있다

"아빠는 왜 집에 있어?"

유치원에서 돌아온 둘째 아이가 갑자기 나에게 던진 말이다. 시퍼런 비수가 내 심장에 꽂힌 느낌이 들었다.

"어… 어… 어…."

분명하게 말을 해야 하는데 아무런 말도 떠오르지 않았다.

"어, 아빠는 우리 딸들 보느라 집에 있지…."

얼버무리기는 했지만 아이는 여전히 이해하지 못하겠다는 표정이다. 분명 유치원에서 가족 소개 같은 것을 했거나, 친구들과 아빠 이야기를 했을 것이다. 다른 아이들은 아빠가 회사를 다닌다, 사업을 한다면서 이야기를 했을 텐데, 항상 집에 있는 자기 아빠를 둘째 아이는 설명하기 힘들었을 터다. 그러니 궁금했을 것이고.

아빠가 육아를 하다 보면 멘탈이 붕괴되는, 소위 '멘붕'에 빠지는 경우가 수시로 일어난다. 어느 정도 예상한 상황뿐만 아니라 갑자기 훅 들어오는 경우도 많다. 아이를 데리러 어린이집에 가면 내가 눈앞에 있는데도 담임선생님께서 "어머님~."이라고 부를 때가 있다. 그러면 서로 말문이 막힌다. 이런 당황스러운 광경이 수시로 벌어진다.

육아하는 아빠는 사회에서 여전히 소수이고 일반적인 경우가 아니다. 그렇기 때문에 아빠의 자존감은 쉽게 떨어지게 된다. 가뜩이나 스스로 의기소침해진 아빠에게 비우호적인 주변 환경은 아빠를 더욱 힘들게 만든다. 예를 들어, 엄마가 평일 대낮에 유모차를 끌고 동네 산책을 다니는 경우는 전혀 남들의 시선을 끌지 못한다. 하지만 그게 아빠라면 다르다. 하루 이틀도 아니고 자주 눈에 뜨인다면 넉살 좋으신 분들은 먼저 말을 걸기도 한다. 안타깝게도 질문은 나의 자존심을 콕콕 건드리는 게 대부분이다.

"아빠가 좋은 회사 다니나 봐요?"

"오늘은 아빠가 쉬는 날이라서 좋겠네."

이럴 때면 정말 어디론가 갑자기 사라지는 능력이 있었으면 좋겠다는 생각이 든다.

아이들과 같이 가는 놀이터 또한 육아하는 아빠들의 단골 멘붕 장소다. 아무리 마음을 단단히 먹어도 왁자지껄 수다를 떨고 있는 엄마 부대 앞으로 진입하기란 정말 어려운 일이다. 하원하고 한창 밖에서 놀고 싶은 아이들을 그냥 집으로 데려가기 미안해서 놀이터로 향하면, 멀리서 엄마들이 안 보는 척 하면서도 곁눈질로 나를 보고 있는 게 느껴진다. 정말이지 동물원의 원숭이가 되는 기분이랄까. 웬만한 강심장이 아니면 이겨내기 힘든 상황이다.

혹시나 해서 주위에서 나와 비슷한 아빠들을 찾아보려 해도 찾을 수가 없었다. 워낙 숫자가 적은 탓도 있겠지만, 있다 하더라도 당당하게 밖으로 돌아다니지 않아서였을 것이다. 한 명도 특이한데 여러 명이 동시에 유모차를 끌고 동네를 돌아다닌다면 우리나라에서는 아마도 TV에 나올 만한 일이지 않을까.

처음 육아를 시작할 때 나는 오히려 외부 시선에 당당했다. '나는 집에서 일도 하고 이렇게 시간 날 때 아이들과도 잘 놀아주는 좋은 아빠다.'라는 최면을 걸면서 말이다. 하지만 수기적으로 주변 사람들과 마주치게 되니 점점 자신감이 떨어지기 시작했다. 다들 겉으로 표현은 안하지만 '아, 저 아빠는 일을 안 하는구나.'라고 나를 판단할 거라는 생각이 들었다.

기본적인 생활을 위해서 자주 들르는 곳이라면 어김없이 사람들의 뇌리에 나의 존재가 박혀 있었을 것이다. 마트, 식당, 병원, 약국, 키즈카페, 도서관, 동네 놀이터 등 아이들과 함께 가는 곳이라면 모두 해당된다. 자주 가는 소아과 선생님은 매번 아빠가 아이들을 데리고 오니까 결국에는 먼저 물어보셨다. 차라리 이렇게 속 시원하게 먼저 물어보면 나도 편할 텐데 대부분 그냥 궁금해서 어쩔 줄 몰라만 한다. '왜 저 집은 항상 아빠가 아이들을 데리고 다닐까?'

한창 자존감이 떨어졌을 때는 외출 자체를 기피했다. 아이들이 나가자고 해도 핑계를 대서 거절하고 최대한 엄마가 있을 때만 같이 외출하곤 했다. 다들 나만 바라보는 것 같아서 혼자서 동네에 나가기도 꺼려졌다. 그러나 아무리 피하려고 해도 아이들과 있다 보면 결국 나갈 수밖에 없는 상황이 만들어졌다. 그럴 때마다 의기소침해지니 육아 생활에도 악영향을 가져왔다. 내가 다른 사람들에게 자신감이 없으니 아이들도 기가 죽었다.

그러자 '내가 희생하더라도 아이들에게만은 당당하고 멋진 아빠로 보여야겠다.'는 생각이 들었다. 용기를 내서 시작한 아빠 육아인데, 이따위 부끄러움으로 무너질 수는 없었다. 어차피 나를 전혀 모르는 '남' 아니던가. 남들이 내 인생을 살아주는 것도 아닌데 신경 쓰지 말자고 생각했다.

개인의 사생활을 존중하는 외국과 비교해보면 우리나라는 유독 남들에게 관심이 많다. 다른 집 아이는 공부를 잘하는지,

그 집 아빠는 얼마를 버는지, 본인 이야기보다 남들 이야기에 더 핏대를 올린다. 그러나 문화 선진국일수록 남들보다는 본인의 삶에 초점을 맞춘다고 한다. 그런 '외국 마인드'로 살기로 했다. '아빠가 육아하는 게 큰 죄를 지은 것도 아닌데, 기죽을 필요가 없다.'라고 스스로 암시를 걸었다. 아이들과 외출할 때는 옷차림도 더 신경 써서 입었다. 남들의 시선이 느껴지면 오히려 아이들과 더 행복한 모습을 보였다. 사람들을 만날 때에도 내가 먼저 밝은 표정으로 웃으며 인사했다. 그러자 오히려 자신감이 더 생기는 것 같았다.

얼마 뒤 놀이터에서 한 엄마가 "아빠가 아이들과 잘 놀아주시는 게 너무 보기 좋아요."라고 넌지시 말해주었다. 한 번도 아이들과 놀이터에 나가지 않는 본인 남편과 비교된다고 말이다. 결국 나를 괴롭혔던 시선들은 내가 스스로 만들어낸 상상력의 산물이었다. 오히려 이처럼 나를 좋게 바라보던 시선들도 있었을 것이다.

다만 나를 잘 아는 지인과 친인척들의 불편한 시선은 아무리 노력해도 적응하기가 힘들었다. 나를 진정으로 걱정하는 마음에서 나오는 행동과 말들이기 때문에 마냥 무시할 수도 없었다. 정작 나는 아무렇지도 않은데, 그들이 볼 때는 내가 한없이 불안하게 보이는 모양이었다. 그렇다고 나의 인생 가치관이

나 철학 등을 일일이 그들에게 다 설명하고 이해시킬 수는 없었다. 그런 불안한 시선들은 결국 내가 오롯이 감내해야 했다.

한 친구에게서는 내가 회사에서 잘려서 어쩔 수 없이 육아하는 것이라고 생각해 굉장히 걱정했다는 말을 들었다. 동창회 모임에도 선뜻 나를 부르기가 꺼려진다고도 했다. 심지어 나의 사정을 잘 이해했다고 생각했던 어머니조차 아직까지 주변 친구들에게 내가 회사를 그만둔 사실을 알리지 않았다고 했다. 참담했다.

'도대체 내가 무얼 얼마나 잘못을 한 걸까? 아빠가 육아를 하는 게 이렇게 큰 문제가 되는 걸까? 나는 단지 행복하게 살고 싶고 아이들도 키우면서 내 일도 찾으려고 시작한 일이었는데.'

"나는 진짜로 괜찮은데, 도대체 내가 어떻게 해야 안심이 됩니까?"라고 정말이지 되물어보고 싶은 마음이 불쑥불쑥 들었다.

서로 간에 이해의 벽이 생기니 지인들과의 관계가 예전만큼 편해지지 않게 되었다. 물론 나를 소중하게 생각해서 하는 걱정이라는 것은 이해한다. 하지만 그들의 걱정스러운 시선들은 나를 힘들게만 할 뿐이었다. 육아를 시작하기 전에는 사실 이런 부분까지 예상하지는 못했다. 살짝 부끄럽겠다는 생각은 했지만 이 정도일 거라고는 상상도 못했다.

육아하는 아빠는 소수자가 느끼는 소외감과 불편한 시선들을 매일매일 받아들여야 한다. 사회적인 인식이 크게 바뀌지 않는 이상 육아하는 아빠를 바라보는 시선은 계속 불편할 것이다. 아빠 육아를 하게 된다면 이 부분은 어쩔 수 없이 안고 가야 한다. 그래서 강한 멘탈이 아빠 육아에는 더더욱 필요하다.

하지만 '육아'라는 가치 있는 일을 하기로 대승적인 결심을 했는데, 이쯤이야 이겨내야 하지 않을까. 모든 사람들의 이해와 동의를 얻으면서 살 필요는 없다. 본인만 당당하고 우리 가족들만 만족하면 충분하다. 남들의 시선으로 위축되며 살기에는 인생이 너무나도 짧다.

자기 관리는 필수다

아이들이 아침에 일어나 나에게 묻는 질문 몇 가지가 있다.

"아빠, 오늘은 몇 시에 일어났어?"

"아빠는 책이 그렇게 재미있어?"

"오늘은 운동장 몇 바퀴 돌았어?"

새벽에 일어나 책을 읽고 매일 운동을 하는 게 나에게는 자연스러운 생활 습관인데, 아이들은 신기해하면서 물어보고는 한다.

아빠가 육아를 잘하기 위해서는 자기 관리가 필수다. 조금 심하게 말하면, 자기 관리가 안 되는 사람은 육아를 하면 100% 실패한다. 직장에서도 자기 관리를 잘 해왔던 사람들이 아빠 육아에서도 성공할 확률이 높다. 육아는 누가 나의 행동을 평가하지도, 관리하지도 않는다. 그렇기 때문에 한번 매너리즘에 빠지거나, 자기 관리를 소홀히 하면 걷잡을 수 없이 악순환에 빠지게 된다.

아빠 육아의 목적은 단순히 일하는 아내를 대신해서 아이를 돌보는 것만이 아니다. 아이도 돌보고 살림도 하면서 본인의 인생 2막을 준비하는 게 진정한 목적이다. 아이들이 자라고 나면 아빠도 다시 일을 찾아 나가야 하지 않겠는가. 살림하는 아빠는 한 가지 일만 하는 게 아니라 두 가지 일을 동시에 해 나가야 하는 것이다. 이는 하루 24시간의 시간표를 짜고 계획성 있게 쓰지 않으면 불가능하다. 남이 시키는 일만 하면서 수동적으로 하루를 보내는 게 아니라 스스로 삶의 주체가 되어서 끊임없이 자기를 채찍질하며 독려해야 한다. 그래야 아빠 육아의 진짜 목적을 달성할 수 있다.

하루 종일 집에 있다 보면 사무실처럼 외부 공간에 있는 것과는 달리 긴장감이 떨어진다. 집이라는 공간은 그 자체가 주는 편안함이 있다. 잠을 자고 휴식을 취하는 개인적인 공간이기 때문에 어떤 일을 하든 적극적인 의지가 잘 생기지 않는다. 같은 일을 하더라도 집에서 하면 회사에 나가서 할 때보다 효율이 떨어지게 된다.

아이들을 등원시키고 별 생각 없이 깨작깨작 소일을 하다 보면 금세 아이들이 돌아올 시간이 된다. 분명히 청소도 하고 빨래도 했는데 별로 티도 나지 않고 시간만 훌쩍 지난다. 이런 사정을 잘 모르는 바깥사람이 퇴근해서 안사람에게 "아니, 하루 종일 뭐 하느라고 청소도 제대로 안 해놨냐."라고 한 마디 하면 사실 억울할 만도 하다. 나도 눈앞에 보이는 것만 대충 치우고 조금 쉬다 보면 금세 하원 시간이 다가오는 신기한 경험을 수 없이 했다. 그만큼 대낮의 몇 시간은 눈 깜짝할 사이에 지나간다.

육아와 살림이란 회사 업무처럼 정해진 기간 내에 반드시 달성시켜서 성과를 내야 하는 일이 아니다. 대부분 오늘 못하면 내일 하면 되는 일들이다. 집 청소나 설거지를 하루 미룬다고 큰일이 나지는 않는다. 쓰레기 분리수거도 보통 일주일에 한두 번씩 하지 않는가. 아이를 보는 것도 마찬가지다. 어느 누구도 내가 아이를 잘 돌보고 있는지, 교육은 잘 시키고 있는지 하루 종일 CCTV를 보면서 감시하지 않는다. 온전히 자신의 책임과 몫인 것이다.

학창시절을 돌이켜보면, 이번만은 방학을 알차게 보내겠다고 다짐했건만 결국에는 작심삼일로 끝난 경험들을 많이 했을 것이다. 의욕에 차 시작한 아빠 육아도 시간이 지나니 매너리즘에 빠지기 시작했다. '누가 보지 않으니까!' 아침에 일어나 씻는 둥 마는 둥 잠옷 바람으로 있다 보면 하루하루 시간은 잘도 흘러간다. 정해진 출근시간이나 점심시간도 없고, 늘어져 있다고 나를 다그치는 사람도 없다. 그 편안함과 귀차니즘을 받아들이는 순간부터 생활의 악순환은 시작된다. 살림은 갈수록 힘들고 귀찮아지고 스트레스만 계속 쌓이는 나날이 지속된다.

육아 역시 아이들과 함께 있는 것만으로도 행복했던 초기의 콩깍지가 벗겨지니 나는 다시 예전의 아빠로 돌아가기 시작했다. 육아에 대해서 처음에 가졌던 막연한 두려움이 해소되자 육아는 어느 순간 나의 우선순위에서 밀려나고 있었다. 위급상황이 벌어질 만큼 '개판'만 치지 않으면 하루하루는 별 이상 없이 잘 돌아간다. 딱 해야 할 것만 하고 문제가 생기면 그때서야 해결하려고 하다 보니, 점점 초기의 의욕적인 마음은 온데간데없고 육아가 하나의 짐으로 느껴지기 시작했다. 결국 아이들이 하원해서 돌아오는 게 귀찮아지고 어서 잠들기를 바라는 단계에까지 오게 된 것이다.

육아와 과업을 동시에 해내자고 시작한 결정인데 지금은 둘 다 이도 저도 아닌 상태로 그냥 하루하루를 살아가고 있었다. 아이들이 하원하면 놀아주기 귀찮으니 그냥 TV만 틀어주고, 저녁 준비도 아내에게 미루는 날들이 많아졌다. 처음에는 가족들과 저녁 시간을 함께 보내기 위해서 지인들과의 만남도 자제했는데, 한시름 덜었다고 차츰 외부 모임도 잦아지고 술자리도 늘어났다.

아내도 처음에는 어느 정도 이해해주는 듯싶더니 집 안에서 뭔가 하나둘씩 바퀴가 빠지는 게 보이자 결국에는 폭발했다. 물론 나는 불만을 쏟아내는 아내의 잔소리가 듣기 싫었다. 다툴 때면 그동안 쌓인 내 심정을 쏘아붙이곤 했다.

"이럴 거면 다시 예전으로 돌아가. 너는 맞벌이할 때도 불만이고 내가 육아를 하는데도 불만, 맨날 불만이냐!"

그러고 나니 허무해졌다. 행복하자고 선택한 일인데 다시 부부간에 갈등과 불만이 생겨나고 있었다. 최선이라고 고민하고 고민해서 어렵게 내린 선택이었는데, 결국에는 다시 원점에 돌아와버린 듯한 기분이 들었다. 하지만 예전과 다른 것은 우리는 이미 돌아갈 수 없는 강을 건넜다는 사실이었다. 다시 돌아갈 직장도 없고, 돌아갈 마음도 없었다. 이미 엎질러진 물이기에 죽으나 사나 여기서부터 길을 찾아나가야 했다.

그렇게 한바탕 전쟁과 냉전이 지나고 나서 나를 되돌아보았다. 인정하기는 싫었지만, 결국 아내의 잔소리가 틀린 말은 아니었다. 분명 나에게 문제가 있었다. 내가 선택하고 시작한 육아인데 나는 기본적인 일조차 제대로 하지 않고 있었다. 다시 의욕 넘치던 육아 초기의 모습으로 돌아가야 했다.

먼저 나 자신을 반성해보았다. 왜 이렇게 귀차니즘에 빠져버렸는지 말이다. 곰곰이 생각해보니, 회사는 그만두었지만 나는 아직도 회사라는 울타리에 있을 때의 나쁜 버릇들을 버리지 못하고 있었다. 만성적인 운동 부족, 잘못된 식습관, 잦은 음주, 의존적인 마음가짐 등 직장에 다니면서 자연스럽게 몸에 익은 나쁜 버릇들을 여전히 유지하고 있었던 것이다. 그 결과 뱃살이 무엇인지도 몰랐던 청년이 이제는 축 처진 뱃살을 인생의 동반자로 생각하게 되었고, 휴일이면 만사가 귀찮아 시체처럼 하루 종일 누워 있고만 싶은 중년의 아저씨가 되어버렸다.

변명이겠지만 회사를 다니면서 규칙적인 운동을 하고 몸매를 관리하는 게 쉽지는 않다. 사무직의 경우 아침에 출근해서 퇴근할 때까지 자기 자리에서 거의 움직이지 않는다. 항시 자리에 버티고 앉아 있어야 윗사람들 눈에는 '아, 열심히 일하고 있구나.'라고 보이기 때문이다. 그렇다고 다 같이 식사하는 자리에서 다이어트 한다고 혼자 밥을 안 먹고 있기도 힘들고, 업무의 연속인 술자리에서 혼자만 매번 빠지기도 어렵다. 이런 환경에 있다 보니 나쁜 생활 습관들이 나도 모르게 내 안에 가득차게 된 것이었다.

회사를 그만둔 이상 이제는 달라져야겠다는 생각이 들었다. 한번 귀차니즘에 빠지면 걷잡을 수 없는 수렁에 빠지는 것을 경험했기에 긍정의 선순환이 얼마나 필요한지 깨달았다. 좀 더 규칙적인 생활을 하고 적극적인 태도를 가질 필요가 있었다. 그러기 위해서는 그동안의 나쁜 버릇들을 고쳐야 했다.

그래서 시작한 것이 운동이었다. 가능할지는 모르겠지만 처음 회사 들어가기 직전의 체중과 몸매로 돌아가고 싶었다. 그래야만 그동안의 나쁜 잔재들이 사라질 것 같은 기분이 들었다. 조건은 유리했다. 운동할 시간도 충분했고 식사량 조절도 마음대로 할 수 있었다. 누가 나에게 술 먹자, 밥 먹자며 꼬드기는 사람도 없었고, 2차며 3차며 술자리에 따라다닐 일도 없었다.

독하게 마음먹고 매일 두세 시간씩 운동을 하며 하루 한 끼나 두 끼 정도의 식사량을 유지해 나갔다. 웨이트로 사라졌던 근육을 다시 만들고 식습관도 개선했다. 석 달 정도 지나자 조금씩 성과가 보이기 시작했다. 요지부동이던 뱃살이 점점 사라지는 게 눈에 보였다. 거울을 볼 때마다 생기는 자신감은 더욱 나를 자극했다. 그렇게 반년 정도 꾸준히 지속한 결과 처음 회사 들어가기 전의 몸무게와 사이즈를 만들 수 있었다. 1차 목표가 달성된 것이다.

꾸준히 몸매 관리를 하다 보니 자연스럽게 음주와 야식도 멀리하게 되었다. 퇴근하고 집에 와서 먹던 야식과 반주가 하루의 낙이었던 시절이 있었다. 야근으로 몸은 피곤했지만 그대로 자기에는 아쉬워 혼자서 한 잔, 두 잔 먹던 술은 그렇게 달콤할 수가 없었다. 그러나 '사람은 환경의 동물'이라고 했던가. 생활 패턴이 직장인에서 전업주부의 그것으로 바뀌니 몸과 마음도 그에 따라 바뀌었다. 운동을 시작한 지 두어 달이 지나자 밤에 마시던 술이 더 이상 달지가 않았다. 그 달콤하던 소주는 이제 그냥 쓰기만 하고 맛이 없는 알코올이 되어버렸다. 입맛도 바뀌어서 기름진 음식과 인스턴트식품이 아닌 신선한 야채나 직접 조리한 음식들이 더 당겼다.

야식을 끊고 늦게까지 TV 보는 습관도 버리니 자연히 일찍 자고 일찍 일어나게 되었다. 규칙적인 운동과 소식 덕분에 대여섯 시간만 자도 아침에 가뿐하게 일어날 수 있었다. 몇 개의 알람을 꺼가면서 잠을 쫓던 때와는 달리 알람 없이도 용수철처럼 한번에 벌떡 일어나게 되었다. 마치 몸이 예전 중, 고등학교 시절로 돌아간 게 아닐까란 생각이 들 정도로 건강해졌다는 것을 몸소 느낄 수 있었다. 열 시간씩 자도 피로가 풀리지 않았던 직장인 시절과 비교해보면 말이다.

건강한 몸과 마음으로 다시 태어나니 육아와 생활에서도 선순환이 시작되었다. 귀찮다고 생각하면 한없이 귀찮고 굳이 내가 할 일이 아니라고 생각하던 일들도 모두 긍정적으로 받아들이게 되었다. 기운이 넘치니 하는 둥 마는 둥 하던 집안일도 아침에 금방 해버리고 개인적인 일을 하는 데에 더 많은 시간을 가질 수 있었다. 아이들이 하원하고 돌아와도 체력이 남아 있으니 더욱 적극적으로 놀아줄 수 있었고, 아내가 퇴근하기 전에 미리 저녁 준비까지 끝내 놓게 되었다. 아름다운 아빠 육아의 모습으로 다시 돌아온 것이다.

일반적인 나의 하루 일과표는 이러하다. 기상 시간은 보통 오전 4시 30분 정도다. 그 이후 30분간 스트레칭 및 명상을 하고 두 시간 동안 독서를 한다. 7시부터 9시까지 아침식사 준비 및 집 안 청소를 간단히 하고 아이들을 등원시킨다. 9시부터 오후 3시까지는 나만의 시간이다. 그 시간 동안 금융 투자 및 자기 계발의 시간을 가진다. 틈틈이 운동이나 취미 활동을 하기도 한다. 3시가 넘어서 아이들이 하원하면 간식을 챙겨주고 같이 놀기도 하면서 자유 시간을 가진다. 5시에 슬슬 저녁 준비를 해서 아내가 퇴근하는 시간에 맞추어 같이 저녁을 먹는다. 이후에는 아내와 분담해서 아이들 숙제나 공부를 봐주기도 하고 남은 살림을 한다. 그러다 대략 10시 정도에 아이들과 같이 잠에 든다.

어떻게 보면 하루 24시간이 전혀 빈틈이 없을 정도로 꽉 짜인 스케줄이다. 그러나 누가 시켜서 하는 일정이 아니다. 소중한 하루하루라는 생각이 드니 1분 1초도 낭비하고 싶지 않았다. 하루의 모든 시간이 나와 나의 가족을 위해서 쓰이는 시간이니 힘들다는 생각보다는 의미 있다는 생각이 더 컸다. 낮 동안은 나만의 자유 시간이지만, 그 시간조차도 아무 생각 없이 TV나 보고 낮잠이나 자면서 무의미하게 쓰는 일이 거의 없다. 언제 이 자유로운 시간이 끝날지 모른다는 생각으로 시간이 남으면 끊임없이 가치 있는 무언가를 하려고 했다. 정말 할 일이 없으면 운동이라도 한 시간 더 하거나 도서관에 가서 책이라도 읽었다.

몇 달 전, 아내와 같이 건강검진을 받았다. 회사를 안 다니니 그동안 건강검진을 받을 기회가 없었다. 특별히 어디가 아픈 것은 아니었지만 종합검사를 안 받은 지가 4년이 넘었으니 아내가 걱정이 된다고 한번 받아보자고 했다. 나도 내년이면 마흔이라 혹시나 하는 생각이 들기도 했다. 검사 결과는 이상 무. 결과 상담을 해주시던 의사분이 나의 결과지를 보면서 물어보셨다.

"혹시 운동하세요?"

"네, 조깅이랑 헬스 정도 합니다."

"아, 그러실 줄 알았습니다. 체중, 지방, 근육량, 혈압 등 모든 게 완벽하시네요. 딱히 충고 드릴 게 전혀 없습니다."

그동안 나름 나 혼자 관리한다고 했는데, 남에게 객관적으로 칭찬을 듣게 되니 기분이 무척이나 좋았다. 한때는 수술까지 권했던 허리 디스크도 이제는 '내가 아팠었나?'라는 생각이 들 정도로 정상으로 돌아왔다. 모두 자기 관리 덕분이었다.

자기 관리라는 것은 직장에 있든 가정에 있든 모두에게 필요하다. 전업주부의 경우 편안함과 귀차니즘에 빠져들어 자기 관리를 소홀히 하기 쉽다. 그러나 아빠가 육아를 하는 것은 또 다른 생존 경쟁을 하기 위한 일시적인 준비 과정이다. 집에만 있는다고 자기 관리를 하지 못한다면 육아는커녕 결국 자기 일도 영영 되찾지 못하게 된다.

동양 고전인 『채근담』에 보면 이런 말이 있다.

"한가할 때 시간을 헛되이 보내지 않으면 바쁠 때에 그 덕을 볼 수 있고, 고요할 때 얼빠진 듯 멍청하게 보내지 않으면 일이 있을 때 그 덕을 볼 수 있다."

육아와 살림을 하면서 자기 관리를 하는 게 쉽지는 않지만, 더 힘든 일이 닥치기 전에 스스로 해나가야 한다. 그러다 보면 그 덕을 보는 때는 반드시 온다.

3

아빠 육아의 팁과 노하우

요리부터 배우자

아빠가 육아를 하면서 가장 곤란한 점은 무엇일까? 자의든 타의든 육아를 시작할까 고민하는 모든 아빠들이 궁금해하는 질문 중 하나일 것이다. 나의 경우는 육아 초기에 아이들 식사를 준비하는 게 가장 곤혹스러운 일이었다. 평생 라면만 끓여 봤던 아빠가 하루 세 끼 식사를 준비하자니 정말 '미션 임파서블'이었다.

하루 이틀도 아닌데 인스턴트식품이나 배달 음식으로 끼니를 때우기에는 한계가 있었다. 소중한 아이들이 먹는 음식인데 매 끼니를 계란 프라이로만 버틸 수도 없었다. 나 또한 집에 있다 보니 식사를 혼자 챙겨 먹어야 하는데, 매일 사 먹거나 라면만 먹을 수는 없지 않은가. 그렇다고 내가 전업으로 육아를 시작한 마당에 아내에게 하루치 요리를 미리 만들어 놓으라는 것도 억지였다.

요리에 자신이 없으니 육아 생활 자체가 엉성했다. 물론 초기에는 모든 일이 다 엉성했지만, 특히 요리는 매 끼니마다 새로운 음식을 만들어내야 했기 때문에 그저 반복한다고 해결될 문제가 아니었다. 기껏 음식을 만들어 놓았더니 "아빠, 이거 맛이 이상해." "맛이 없어." 하며 한 숟갈조차 뜨지 않는 아이들을 볼 때면 하루빨리 요리를 배워야겠다는 생각이 절로 들었다.

요리는 취미가 아니라 그 당시 나에게는 가장 필요한 생존 기술이었다. 요리를 배우지 않고서는 아빠 육아가 그만 실패로 돌아갈 것 같았다. 그러나 막상 요리 수업을 들어야겠다고 생각은 했지만 말처럼 쉽게 행동으로 이어지지는 못했다. 대부분 여자들이 수강을 하고 있을 텐데 그 사이에서 수업을 듣는다는 게 도무지 용기가 나지 않았다.

며칠을 망설이고 망설였다. 그러는 사이 아이들의 음식은 여전히 인스턴트식품이 데워져 나가고 있었다. 나도 자주 먹지 않는 인스턴트식품을 아이들에게 먹인다는 게 양심에 걸렸다. 부끄럽다고 미루기만 해서는 해결될 일이 아니었다. 결국 용기를 내어 집 근처에서 열리는 요리 수업에 등록했다.

역시 예상대로 수강생 중 남자는 나 혼자뿐이었다. 그나마 클래스가 소수라 다행이었지, 수십 명 클래스였다면 중간에 포기하지 않았을까 싶다. 나 말고 다른 몇 명의 수강생들은 모두 결혼을 앞둔 예비 신부들이었다. 그 사이에서 30대 아저씨가 대낮에 요리 수업을 받고 있으니 누구라도 의아하게 생각했을 것이다. 강사님조차 나에게 "혹시, 식당 준비하세요?"라고 물어봤으니 말이다.

처음의 우려와는 달리 요리 수업은 너무나 재미있었다. 정원이 소수라 금액적인 부담은 있었지만, 나 같은 초보에게는 그 편이 더 도움이 되었다. 덕분에 강사님과 일대일로 기초부터 세세하게 배울 수 있었다. 먼저 강사님이 재료 손질부터 조리까지 전체 과정을 보여주고 나면, 그다음은 각자 배운 대로 실습을 하는 과정이었다. 인원이 적으니 혼자 하다가 막히는 부분은 바로바로 도움을 받을 수 있었다. 새로운 분야를 배운다는 재미도 있었지만, 배워서 바로 써먹을 수 있다고 생각하니 집중력이 더 높아졌다. 그날그날 만들어 온 요리로 가족의 한 끼 식사를 해결하는 것은 덤이었다.

석 달 정도 꾸준히 수업을 들으니 웬만한 한식, 양식, 중식, 일식의 요리들은 다 만들 수 있게 되었다. 요리의 기본을 알게 되니 이후에는 안 배운 요리들도 레서피만 보면 뚝딱 만들어내게 됐다. 배운 기술로 계란말이를 하트 모양으로 만들어서 아내에게 사진을 보냈더니 동네 모임에서 난리가 났다고 했다.

막막하기만 했던 저녁 준비 시간도 설레고 의욕이 넘치기 시작했다. 초반에는 서툴러서 한 시간 이상 걸리던 식사 준비도 손에 익으니 한쪽에서는 김치찌개를 끓이고 그 옆에서는 생선을 굽고 뒤에서는 두부조림을 하는 경지에 이르렀다. 이제 더 이상 저녁식사를 아내에게만 부담시키는 남편이 아닌, 퇴근 전에 제대로 된 저녁 한상을 차려놓는 남편이 된 것이다.

아내는 퇴근하자마자 남편이 차린 밥상을 받으니 너무도 만족해했다. 게다가 부부가 모두 요리를 하니 서로의 노하우를 공유하는 재미도 있었다. 아내도 요리를 곧잘 하지만 정식으로 배운 게 아니라서 기초적인 부분은 내가 알려줄 것이 있었다. 나 또한 아내의 요리 노하우를 직접 전수받고는 했다.

아이들의 반응도 뜨거웠다. 아이들 반찬의 경우는 인터넷 블로그에 유아 반찬만을 전문적으로 올리시는 분들의 메뉴를 참고해서 만들었다. 메뉴와 레서피만 확인하면 만드는 것은 금방이다. 인스턴트식품은 가능한 한 조리하지 않고, 야채나 채소를 볶거나 고기도 따로 생고기를 사서 직접 양념을 해 구워준다. "먹기 싫어!" "맛없어."를 반복하던 아이들의 입에서 "아빠, 오늘 스파게티는 진짜 끝내줘요!" "볶음밥 너무 맛있어요, 더 주세요."라는 말이 나오는 것은 예상된 결과였다.

끼니뿐만 아니라 점차 간식이며 디저트까지 섭렵하기 시작했다. 더운 여름에는 시원한 레몬에이드가 제격이라는 말에 밤늦도록 레몬을 자르고 설탕을 부으며 레몬청을 만든 적도 있다. 레몬에이드는 사 먹는 것인 줄로만 알던 내가 말이다. 술 한 잔도 그냥 먹지 않게 되었다. 예전이면 귀찮아서 견과류나 과자를 안주 삼아 먹었다면, 이제는 맥주를 한 잔 먹어도 호프집에서 나오는 소시지 야채볶음을 만들고 감자를 튀기고 있다. 비록 시간이 걸리고 힘도 들지만 내가 만든 요리를 맛있게 먹어주는 사람들을 보면 '이 맛에 요리사가 되는구나.'라는 생각이 든다. 어느새 요리가 나의 취미가 된 것이다.

단지 요리 하나를 배웠을 뿐인데 갑자기 세상이 다르게 보였다. 맛있는 음식들은 대부분 사 먹어야만 하는 줄 알고 살아왔는데, 그런 요리들을 이제는 내가 직접 만들고 있었다. 새로운 생존 기술을 익혔다는 자신감 같은 것도 생겼다. 이제 어디 가서도 굶어 죽지는 않겠다는 자신감 말이다. '배우면 이렇게 간단한 일을 왜 이제까지 모르고 살았을까?' '어렸을 때 배워두었으면 그동안의 인생이 얼마나 더 윤택해졌을까'라는 아쉬움도 들었다.

시중에 나와 있는 요리책이나 요즘 많이들 시청하는 TV의 '쿡방'들을 보면 요리가 무척 간단한 것처럼 이야기한다. 준비

된 재료에 레서피만 있으면 5분 안에 각종 요리가 뚝딱 만들어지니 말이다. 하지만 같은 재료를 준비하고 같은 레서피를 참고한다 하더라도 실제로 만들어보면 보기와는 전혀 다르게 진행된다. 5분짜리 요리가 30~40분을 넘기기 일쑤고 재료를 다듬다가 포기하는 경우도 생긴다. 왜냐하면 요리의 기초 자체가 없기 때문이다.

그러니 요리에 생초보자라면 일단 전문가에게 배우는 것을 추천한다. 칼은 어떻게 쥐고 사용해야 하는지, 야채는 어떻게 다듬는지 등은 눈으로만 봐서는 내 것이 되지 않는다. 뭐든지 기초가 중요하겠지만 특히나 요리는 직접 전문가 옆에서 보고 같이 실습해보는 과정이 필요하다. 책으로만 배울 수 없는 게 요리다. 물론 독학으로 할 수도 있겠지만, 많은 시행착오와 시간이 걸릴 것이다. 어떤 분야든지 돈을 주고 배워야 오래 할 수 있고 열심히 하게 되지 않던가. 향후의 효용 가치를 생각한다면 그 정도는 충분히 투자할 만하다.

앞서 말했듯 최근에는 요리하는 프로그램인 '쿡방'이 대세다. 그러나 여전히 대부분의 아빠들은 '요리는 나의 영역이 아니다.'라고 생각하는 것 같다. 하지만 전업주부로서가 아니라 하나의 인간이라는 존재로 봤을 때도 요리는 필수적으로 갖추어야 할 능력이다. 아무리 사회적, 경제적 지위가 있는 남자라고 해도 은퇴하고 집에서 밥을 해먹어야 하는 날은 반드시 온다. 하물며 아내가 며칠간 여행이라도 간다면 당면한 생존의 문제일 것이다. 그러니 요리를 배우지 않을 이유가 전혀 없다.

요리를 배우는 또 다른 장점은 자신의 입맛대로 음식을 만들어 먹을 수 있다는 것이다. 본인이 요리를 못하면 아내가 만들어주는 음식만 평생 먹을 수밖에 없다. '얼굴 못생긴 아내는 용서해도 요리 못하는 아내는 용서 못한다.'는 말도 있지 않은가. 요리를 못하는 아내를 만난 남편은 식사 시간이 매번 곤욕일 것이다. 본인이 직접 요리를 배워서 자신의 입맛에 맞는 음식을 만들어 먹는 것도 인생을 사는 또 다른 재미다.

얼마 전 요리 수업을 다시 듣게 되었다. 요리도 재교육이 필요한지 자꾸 하던 요리만 하게 되고 매너리즘에 빠져들었기 때문이었다. 집 근처 평생교육관에서 하는 강의였는데 정원이 20명 정도 됐다. 물론 수강생 대부분이 여성이겠지만 이제 그 정도는 충분히 감내해낼 수 있는 내공이 있기에 당당하게 신청했다. 수강 첫날, 강의실에 들어선 나는 깜짝 놀랐다. 수강생 중 대략 3분의 1 정도가 남성이었다. 게다가 그중 절반 이상은 마흔이 넘은 아버님들이었다. 더 이상 요리 수업도 여자들만의 전유물이 아닌 시대가 온 것이다. 남자라는 어색함도 없이 얼마나 적극적으로 수업에 임하셨는지 아직도 그분들이 눈에 선하다.

그러니 혹시라도 부끄러움과 귀차니즘으로 요리를 배우지 못한 아빠들은 적극적으로 도전하시라고 말씀드리고 싶다. 요리는 단순히 음식을 만드는 수단이 아닌 생존을 위한 도구다. 한번 배워 놓으면 평생을 써먹을 수 있는 최고의 공부다. 요리를 배우다 보면 혹시나 자신도 몰랐던 쉐프의 적성을 찾을 수도 있고 제2의 인생을 준비하는 기회가 될 수도 있다. 더 이상 망설이지 말고 요리를 배워서 아빠 육아의 필수 아이템을 장착했으면 좋겠다.

살림은 습관이다

서울인포그래픽스가 조사한 2014년 기준 서울에 사는 맞벌이 가구의 가사노동 분담 형태를 보면 '아내가 주로 책임지고 남편이 약간 돕는 경우'가 62.1%로 가장 많았고 '아내가 전적으로 가사를 책임지는 경우'는 18.3%, '아내와 남편이 동등하게 가사노동을 하는 경우'는 18.9%에 불과했다. 하지만 2010년에 비해 아내가 주로 책임지는 비율이 27.1%에서 18.3%로 크게 줄었고 부부가 동등하게 분담하는 경우가 13.3%에서 18.9%로 증가한 것은 가사 분담에 대한 남자들의 인식이 많이 바뀌고 있다는 증거라고 할 수 있다.

맞벌이 부부들이 가장 많이 싸우는 이유 중 하나가 바로 가사 분담이다. 아내는 아침부터 저녁까지 일하랴 살림하랴 정신이 없는데, 남편은 퇴근하고 리모컨만 만지작거리고 있으면 딱

한바탕하기 좋은 상황이다. 나 역시도 맞벌이 생활을 할 때에 다른 많은 아빠들처럼 집안일에는 관심이 없었다. 아내가 더 잘하는 데다 원래 살림은 아내의 몫이라는 생각이 있었다. 집안의 가장은 '나'이기에 그게 당연하다고 생각했다.

"무슨 뱀이 허물 벗는 것도 아니고 맨날 옷을 그렇게 바닥에 벗어놓고 다니냐?"

"제발 자기 방 청소만은 자기가 해줘!"

"눈에 이 먼지가 안 보여?"

아무리 옆에서 잔소리가 빗발쳐도 나는 요지부동이었다. 설거지를 하거나 청소기를 돌리는 것도 아내가 시킬 때만 마지못해 했다. 그게 일하는 아내에게 얼마나 큰 부담이었는지 그때는 잘 몰랐다.

워킹맘들은 대부분 '슈퍼우먼 콤플렉스'에 시달린다고 한다. 슈퍼우먼 콤플렉스란 회사에서는 능력 있고 일 잘하는 직장인이 되어야 하고 집에서는 아이들도 잘 챙기며 살림도 잘하는 완벽한 엄마가 되어야 한다는 중압감으로, 엄마들이 심한 불안감과 초조함, 죄책감 등을 느끼는 게 대표적인 증상이라고 한다. 아무리 남편이 옆에서 도와준다고 해도 엄마들이 느끼기에는 한계가 있다. 아빠들은 기본적으로 살림은 내 일이 아니라는 생각을 가지고 있기 때문에 집이 아무리 더러워져도 대부분 스스로 청소하거나 정리를 하지 않는다. 결국 워킹맘인 엄마 혼자서 밤늦게까지 빨래부터 설거지까지 집안 살림을 마무리하다가 지쳐 잠에 드는 게 현실이다.

적어도 아빠가 집으로 들어온 이상 살림은 이제 아빠의 몫이다. 가족 중에서 가장 오래 집에 있는 사람이기도 하고, 그것이 일하는 아내에 대한 당연한 배려다. 힘들게 일하고 퇴근한 아내에게 청소며 빨래를 기대하는 것은 도저히 인간이 할 도리가 아니다. 남자라서 해본 적이 없다고 못 본 척할 일도 아니다. 집이 지저분하면 결국 본인이 제일 괴롭다. 아쉬운 사람이 해야 한다.

나도 살림을 직접 해보기 전에는 막연히 여자가 살림을 더 잘할 거라는 생각이 있었다. 남자들은 옆에서 도와주는 정도이지 본성적으로 남자에게 살림은 어울리지 않는다는 편견을 가지고 있었다. 하지만 막상 해보니 이런 편견은 쉽게 깨졌다. 살림은 의외로 육체적인 능력을 요구했다. 청소기를 돌리고 걸레로 바닥이며 집안 곳곳을 닦다 보면 금세 숨이 헉헉 찬다. 그야말로 노역이 따로 없다. 화장실이며 부엌 청소도 그냥 더러워진 부분을 힘과 기술로 깨끗하게만 만들면 되는 일이다. 빨래는 세탁기가 하지만, 다 된 빨래를 꺼내서 건조대에 널고 마른 빨래는 걷어서 옷장에 개 넣는 일도 단순 노동의 반복이다. 그냥 우직하게 하면 된다. 남자라서 더 못할 일이 전혀 없다.

해보지 않았던 일을 처음부터 잘할 수는 없다. 그러나 배우고 반복적으로 하다 보면 익숙해지고 잘하게 된다. 살림도 마찬가지다. 남자라서 언제까지나 못하고 어설플 일이 별로 없다. 혼자 사는 남자 연예인이 살림하는 여자보다 더 깨끗하게 집을 정리하며 사는 게 이슈가 된 적도 있지 않은가. 남자라서 못하는 게 아니라 안 해봐서 못하는 것뿐이다. 빨래나 청소를 전문적인 직업으로 하는 분들도 대부분 남자들이다. 새집에 들어가기 전에 많이들 하는 입주 청소를 보면 건장한 남자들이 와서 순식간에 광을 내놓는다. 살림도 직업적인 영역으로 들어가면 남자들이 더 전문가인 경우가 많다.

나는 새로운 일을 하게 되면 그와 관련된 책부터 먼저 보는 편이다. 그래서 살림을 처음 시작하게 되었을 때에도 일단 관련된 책부터 사서 읽었다. 용도에 맞는 세제의 종류부터 장소에 따른 청소 도구 그리고 수납 및 수선의 기술까지 다양한 살림의 노하우들을 우선 이론적으로 배웠다. 보통은 어머니들에게 물어보면서 이런저런 살림을 배우는 게 일반적이지만, 그러다 보면 그때그때 처한 상황의 단편적인 지식만 알게 된다. 나는 살림에 대한 기초의 기초도 없는 상태였기 때문에 먼저 체계적인 지식을 알고 싶었다. 그냥 무작정 쓸고 닦는 게 아니라 청소에 대해서도 전문적으로 알고 싶었다.

예전에는 아내가 집안일을 시키면 마지못해 대충대충 했다. 방법도 잘 모르고 익숙하지 않았기 때문이다. 아내가 보기에는 기껏 손을 대놓고는 엉망으로 하니 화가 날 만도 했을 것이다. 그러나 살림도 공부하고 배워보니까 대하는 게 예전과는 달라졌다. 알고 일을 하는 것과 모르고 하는 것의 차이랄까. 화장실 청소할 때는 어떤 도구와 세제를 사용하는지, 부엌의 찌든 때는 어떻게 제거하는지, 빨래는 어떻게 구분해서 빨아야 하는지 등등을 알고 나니 자신감도 생기고도 훨씬 효율적으로 일할 수 있었다.

인터넷에서 '띵굴마님'으로 유명하신 살림의 달인은 이렇게 말한다.

"살림을 뭔가 특별한 것이라고 생각하지 말고 습관처럼 자기 몸에 배도록 해야 합니다. 살림이란 예쁘게 보이고 자랑하려고 하는 게 아닙니다. 나와 가족이 행복하게 살기 위해 하는 모든 것이 살림입니다."

나도 청소와 빨래를 하면서 몸은 비록 힘들지만, 딱히 일이라고 생각하지는 않는다. 우리 가족이 생활하는 공간이니 깨끗하게 유지하는 게 당연하지 않은가. 아이들이 감기라도 걸리면 이불이며 베개 빨래는 기본적으로 한다. 아이들의 건강을 생각해서라도 최대한 청결하게 집을 유지하려고 한다.

집은 또한 나의 주된 생활 공간이므로 깨끗하게 유지하면 내가 가장 많은 혜택을 받는다. 그러다 보니 자연스럽게 청소하고 정리하는 게 습관이 되어버렸다. 결벽증까지는 아니더라도 지저분하거나 어질러진 부분이 보이면 이제는 나도 모르게 치우고 있다. 가끔 청소가 나만의 스트레스 해소 수단이 되기도 한다. 머리가 복잡하거나 두통이 있을 때 설거지를 하면 이상하게도 머리가 상쾌해진다. 이런 나를 두고 아내는 "이제 주부 4단 정도는 되는 것 같아."라고 농담을 한다.

그렇다고 모든 살림살이를 아빠가 다 할 수는 없다. 아빠가 아무리 살림을 맡는다고 해도 놓치거나 미진한 부분이 있다. 그러므로 서로 대화를 통해서 아내와 가사 분담의 원칙을 세우는 것이 좋다. 청소와 빨래는 아빠, 정리 정돈과 꾸미기는 엄마 이런 식으로 말이다.

역할을 구분한 뒤에는 서로 영역을 침범하지 않는 것이 좋다. 그러지 않으면 오히려 혼란이 생긴다. 빨래의 경우 세탁기를 돌리고 다 된 빨래를 걷는 것까지가 보통 나의 일이다. 세탁기가 돌아가는 시간이 두 시간 정도 되는 데다 빨래는 햇볕이 들 때 말리는 게 좋기 때문에 출근하는 아내가 하기에는 어렵다. 낮에 내가 마른 빨래를 걷고 나면 저녁에 아내가 빨래를 개서 각자의 옷장에 구분해서 집어 넣는다. 이 부분까지는 내가 침범할 수 없다. 내 옷은 내가 정리하더라도 나머지는 아내가 정리를 해야 나중에 어떤 옷이 어디 있는지 쉽게 찾을 수 있기 때문이다.

이제 살림에 관해서는 오히려 내가 아내에게 잔소리를 많이 하는 편이다.

"제발, 벗은 옷은 세탁기에 넣든지, 제자리에 좀 둘래?"

"다른 건 몰라도 본인 화장대만은 스스로 정리합시다!"

"내가 다 한다고 너무 살림에 무관심한 거 아냐?"

집 안 곳곳을 항상 깨끗하게 유지해야 한다는 생각이 몸에 배니 일하느라 상대적으로 살림에 무뎌진 아내의 행동에 자연스럽게 잔소리가 나왔다. 아내에게 내가 이런 말을 하게 될 줄이야.

"살림은 해도 해도 끝이 없네." 어머니들이 자주 하시는 말씀이다. 평소에 걸레 한번 손에 들지 않았던 내가 살림을 하게 되니 이제야 그 말을 뼈저리게 느끼고 있다. 정말 살림은 해도 해도 끝이 없다. 열심히 해도 티도 안 나고, 안 하고 내버려 두면 금방 난리가 난다. 특히 아이 키우는 집은 치우고 돌아서면 금방 어질러져 있다. 그렇다고 어쩌겠는가. 아빠가 살림을 맡은 이상 자신의 의무를 다하는 것이 맞다. 아빠가 살림한다고 고

무장갑을 끼고 청소하는 모습이 아직은 남들 보기 어색하고 민망할 수 있다. 그렇다고 아내를 대신하겠다고 시작한 육아인데 남자만의 영역을 주장할 수는 없지 않은가. 육체적으로도 힘들고 해도 해도 표가 안 나는 살림이지만, 이 또한 아빠 육아가 짊어져야 할 숙명이다.

독박 육아의 노하우

'독박 육아'라는 신조어가 있다. 주변의 도움 없이 '혼자 뒤집어썼다'는 뜻의 '독박'을 사용해 한 사람이 혼자 육아의 모든 책임과 역할을 담당한다는 의미로, 주로 엄마들이 겪는 육아의 부담을 표현하는 용어로 쓰인다.

독박 육아는 아빠가 육아를 하는 경우에도 마찬가지로 일어날 수 있다. 엄마가 일을 하다 보면 직장을 다니는 아빠와 마찬가지로 야근을 할 때도 있고 어쩔 수 없이 회식에 참여해야 하는 경우도 있다. 며칠씩 출장을 가거나 주말에 근무해야 하는 일도 발생한다. 가정의 경제적인 책임을 맡고 있는 엄마이기 때문에 주업인 회사 일을 소홀히 할 수가 없다. 엄마가 회사에 더 많은 신경을 쓰고 시간을 보낼수록 아이들을 보는 일은 결국 아빠의 몫이 된다.

아내가 육아를 전담하더라도 요즘의 아빠들은 엄마 없이 아이들을 보게 되는 경우가 종종 있다. 주중에 고생한 아내들을 위해 주말에 자진해서 나서는 경우도 있고, 아내의 단기 파업(?)으로 인해 비자발적으로 하게 되는 경우도 있다. 아이들과 자주 시간을 보내지 못해 어색한 데다 모르는 것투성이인 아빠는 엄마가 사라지는 순간부터 불안해지기 시작한다. 아내가 나간 지 한 시간도 채 안 되어 "여보, 어디야?" 하면서 SOS를 친다. 기저귀를 가는 것부터 잠을 재우는 것까지 안 해본 일이고 익숙하지 않으니 엄마 없는 상황이 너무도 불안하다.

이처럼 아빠 혼자서 아이들을 돌보는 상황을 떠올려만 봐도 아찔한 아빠들이 많을 것이다. 그랬다고 하더라도 아빠가 육아를 담당하게 되면 이제 달라질 수밖에 없다. 단순히 몇 시간을 엄마 대신 봐주는 게 아니라 육아의 주체가 되기 때문이다. 처음에는 모든 것이 힘들겠지만 '나의 주업이다.'라고 생각하면 결국에는 다 적응하게 된다.

나는 둘째 아이가 기저귀도 떼지 않은 20개월째부터 전업육아를 시작했다. 처음에는 당연히 어설펐다. 가끔씩 아내 옆에서 아내가 시키는 대로 기저귀도 갈고 이유식도 먹이고는 해봤지만, 막상 아내가 없는 상황에서 모든 것을 다 해야 하는 상황이 오니 초기에는 멘붕이 오는 일이 많았다.

특히 두 아이를 어린이집에 등원시켜야 하는 아침 시간은 그야말로 전쟁이었다. 아이들이 깨기도 전에 출근한 아내를 대신해서 A to Z를 혼자서 모두 해내야 했기 때문이다. 미리미리 준비한다고 해도 아이들과 있다 보면 꼭 돌발 상황은 벌어진다. 기껏 옷까지 다 입혀놓았더니 등원하기 직전에 국물을 쏟는다거나, 아이가 어린이집 문 앞에까지 가서 갑자기 가기 싫다고 떼를 쓰는 일까지 다양한 변수가 발생해 매일이 고난의 연속이었다.

아침을 먹이는 것도 문제였다. 아침밥은 꼭 먹이고 보내라는 아내의 협박에 나름 한정식을 차릴 때도 있었고 아메리칸 브렉퍼스트를 준비할 때도 있었지만, 정작 잠이 덜 깬 아이들에게 밥을 먹이는 것부터가 하늘의 별 따기였다. 고생해서 차린 정성이 아까워서 한 입이라도 더 먹이려고 아이들과 씨름하다 보면 어느새 아이들도 울고 나도 울면서 아침 시간은 그야말로 개판이 되고는 했다.

평생 남자로만 살아온 나에게 두 여자아이의 등원 복장 꾸미기란 참으로 적응하기 어려운 과제였다. 치마를 입히고 스타킹을 신기는 일은 그나마 약과였다. 두 아이의 머리를 땋는 일은 아직까지도 나에게 가슴 아픈 추억이다. 바쁜 아침에 등원 시간은 다가오는데, 연습한 머리 땋기가 잘 안 돼 몇 번이고 풀고 다시 묶고를 반복하다 보면 '아, 내가 지금 뭐하고 있나.'라는 생각이 불쑥불쑥 들었다. 다른 아이들에게 창피하지 않도록 나름 연습한다고는 했지만 여전히 어설픈 아이들의 머리 모양을 볼 때면 참 미안한 마음이 든다.

그렇게 수많은 눈물, 콧물 스토리가 나름 익숙해져 갈 때쯤 나를 몇 배는 힘들게 만드는 일이 일어났다. 바로 아내가 회사에서 부서 이동을 한 것이다. 새로 일하게 된 곳은 회사 홍보관으로, 박물관이나 도서관처럼 월요일에는 쉬고 격주로 주말 근무를 해야 하는 곳이었다. 주중에 아내가 퇴근하기 전까지 아이들을 보는 것은 그래도 어찌어찌 해나갈 수 있었는데, 이제는 주말 이틀을 아침부터 저녁까지 풀타임으로 봐야 한다니. 이게 무슨 하늘의 장난인가 싶었다. 하지만 회사의 일이니 싫으나 좋으나 따라야지 어쩌겠는가. 아내가 우리 집의 가장이 된 이상 나에게 선택권은 없었다. 혼자서 육아를 책임져야 하는 나에게는 가혹했지만 바뀐 상황을 받아들여야 했다.

졸지에 2주에 한 번씩 《슈퍼맨이 돌아왔다》를 찍게 됐다. 아내가 주말에 회사에 출근해서 근무하는 동안, 나도 주말에 집에서 근무를 한다. 아이들이 눈 뜨는 시간부터 바로 육아 업무 시작이다. 최소 하루 10시간의 주말 근무가 시작되는 것이다. 해야 할 일은 기본적으로 삼시 세끼 준비, 집 안 청소, 아이들과 놀기, 외출 등이다. 이제는 이런 시스템으로 바뀐 지도 3년이 되었으니 적응이 될 만도 할 텐데, 아내가 근무를 해야 하는 주말이 다가오면 아직도 마음이 무거워진다.

나름의 노하우가 있다면 아침부터 저녁까지 에너지를 잘 분배하는 것이다. 삼시 세끼 준비하고 먹이는 일에서부터 끝없이 나오는 설거지며 집안 청소까지 처리해야 하고, 또 남는 시간은 아이들과도 놀아야 하기 때문에 중간에 체력이 방전되면 안 된다. 쉬 피곤해지는 중년의 아빠와는 달리 아이들은 무한 체력을 가지고 있기 때문에 아이들처럼 쉽게 흥분해버리면 중간에 급속도로 에너지가 떨어진다. 그러면 결국 아이들을 방치할 수밖에 없는 상황이 벌어지고 만다. 엄마가 있다면 번갈아가면서 역할을 바꿀 수도 있겠지만 임무는 놀아주는 것이 전부가 아니다. 그렇게 체력을 방전시켜버리면 결국에는 다음 식사 준비며 집 안 정리는 뒷전이 될 수밖에 없다. 그러니 엄마가 올 때까지 체력을 잘 보전하고 정신을 안정적으로 유지해야 한다. 독박 육아 시에는 공격보다는 방어만 잘해도 일단 성공이다.

체력뿐만 아니라 정신적인 스트레스도 잘 관리해야 한다. 아이들에게 크게 화를 내거나, 힘든 일과에 짜증이 밀려와 멘붕에 빠지면 이 또한 방치 육아로 이어질 수밖에 없다. 그렇게 아이들을 방치한다면 아빠 육아를 하는 의미가 전혀 없다. 물론

나 역시 처음에는 자신을 컨트롤하지 못하는 일이 많았다. 요리에 꽂혀서 오랜 시간 정성스럽게 요리를 했는데, 아이들의 반응이 시원찮을 때면 나도 모르게 분노가 치밀었다. 아이들은 맛이 없다고 남기지, 그사이 어질러진 부엌이며 잔뜩 쌓인 설거지를 볼 때면 그날 하루는 멘탈을 수습하기 어려워 그대로 방치 육아로 이어지곤 했다.

육아를 시작한 지 5년이 된 지금은 요령이 생겼다. 격주로 아내가 근무해야 하는 주말이 다가오면 미리 하루 일정표를 짜 본다. 주말 날씨를 미리 체크하고 이번 주는 어떤 일정으로 아이들과 보낼지를 계획한다. 날씨가 좋다면 나들이 계획을 세우고, 추운 겨울이나 날씨가 좋지 않을 때에는 그에 맞게 하루 일정을 세운다. 시간 단위의 구체적인 일정까지는 아니더라도 대략의 시간표를 머릿속에 그려두면 의미 없는 주말을 피할 수 있다.

나의 경우는 이틀 연속의 일정이었기 때문에 가끔씩 1박 2일로 집을 벗어나는 것도 좋은 대안이었다. 며칠씩 본가나 처갓집을 방문하거나 가까운 곳으로 여행을 가기도 했다. 얼마쯤 지나자 엄마 없이도 육아가 충분히 가능한 내공이 쌓였기 때문에 어디든지 갈 수 있었다. 아이들과 가는 캠핑은 단골 메뉴 중 하나다. 처음에는 힘들지 않을까 망설이기도 했는데, 조금씩 재미를 붙이게 되니 이제는 아이들이 더 가자고 성화다.

어린 여자아이들이라고 해서 캠핑에 전혀 도움이 안 될 것이라 생각하면 오산이다. 텐트는 나 혼자서 칠 수 있더라도 긴 타프tarp는 혼자 치기 어렵기 때문에 두 딸들도 모두 진지 구축에 투입된다. 요리에서부터 설거지, 샤워, 잠자리 준비까지 나 혼자 모두 할 수 없기에 딸들에게 도움을 받기도 하고 시키기도 한다. 특히 큰딸은 '엄마가 없을 때는 네가 엄마야.'라고 항상 일러두었더니 밖에 나오면 더욱 어른스러워진다. 집에서는 다 씻겨주던 샤워도 이제는 동생을 데리고 알아서 샤워장에 가서 씻고 온다.

아이들과 캠핑을 가면 좋은 점은 아이들이 아빠를 찾지 않고 알아서 잘 논다는 것이다. 자연 속에 있으면 눈에 보이는 모든 것이 아이들에게는 놀이 도구가 된다. 집에서는 그렇게 안 먹던 밥도 캠핑만 오던 걸신이 들린 것처럼 게걸스럽게 먹어치운다. 그렇게 아이들이 알아서 노는 동안, 나는 나대로 자연을 만끽하며 자유롭게 쉴 수 있으니 캠핑을 가는 쪽이 오히려 더 편하다. 여름방학에는 일주일씩 캠핑을 간 적도 있다. 날도 더운데 집에서 지지고 볶느니 아내에게 휴가도 주고 나도 나름의 휴가를 가니 일석이조였다. 나만의 생존법을 하나씩 터득한 것이다.

아이들도 엄마가 없는 주말이 조금 불편하기도 할 텐데, 이제는 오히려 그 덕에 아이들의 자립심이 더 커진 것은 독박 육아의 장점이라 하겠다. 혼자 있으니 엄마가 옆에 있을 때처럼 아이들을 하나하나 다 챙길 수가 없었다. 외출 준비를 할 때에도 내가 아이들 간식을 준비하는 동안, 아이들은 스스로 옷도 입고 각자의 준비물도 챙긴다. 집 안 정리를 할 때에도 첫째는 장난감 담당, 둘째는 책 담당처럼 할 일을 정해주니 아이들은 놀이라고 생각해서인지 즐겁게 한다.

교육에도 왕도가 없듯이 육아에도 왕도가 없다. 육아가 어려운 것은 예전에 통하던 방식이 어느 순간 안 통하는 때가 오기 때문이다. 아이들은 신체적으로나 정신적으로도 시시각각 커가기 때문에 아이를 대하는 방식도 그에 따라서 지속적으로 바뀌어야 한다. 마치 어렸을 때 아이가 울면 만병통치약처럼 통하던 뽀로로가 더 이상 통하지 않는 때가 오듯이 말이다. 끊임없이 변화하는 육아 상황에 적응하고 새로운 방식을 만들어내야 한다.

'피할 수 없으면 즐겨라.'라고 했다. 엄마의 일시적인 대리가 아닌 본업이 된 육아를 긍정적이고 적극적으로 받아들여야 본인은 물론 아이들에게도 행복한 상황이 만들어진다. 독박 육아는 일상이라고 받아들이자. 힘들다고 투덜댈 시간에 본인만의 노하우를 하나라도 더 만들어가는 게 장기적으로 육아를 잘 해낼 수 있는 지름길이다.

혼자 놀기의 달인

요즘 1인 가구가 증가하면서 '혼밥(혼자 밥 먹기)', '혼술(혼자 술 마시기)'을 하는 사람들이 늘어나고 있다. 경제적인 이유로, 때로는 바쁜 일상으로 인해 남들과 함께하기보다는 혼자서 모든 것을 해결하는 분위기다. 그러나 밥이든 술이든 사실 혼자 먹는 것은 재미가 없다. 음식이란 누군가와 같이 이야기도 하고 침도 튀겨야 더 맛이 나는 법이다. 하지만 지금 나 역시도 본의 아니게 나 혼자 밥을 먹고, 나 혼자 영화 보고, 나 혼자 논다. 아빠 육아를 시작할까 고민할 때에는 미처 생각해보지 못한 장애물이다.

그 '혼자 놀기'를 대한민국의 전업주부들은 일상처럼 해오고 있다. 일단 가족이 아침에 출근이나 등교를 하고 나면 그때부터 혼자만의 생활이 시작된다. 아침이나 점심도 대충 차려 혼자서 먹는다. 그런 다음 집 안 청소를 하거나 개인 취미 생활을 하며 가족들이 돌아올 때까지 혼자만의 시간을 보낸다. 물론 중간에 주변 친구들과 약속을 잡아서 시간을 보내는 경우도 있지만, 그것은 가끔이지 매일은 아니지 않은가. 전업주부에게 '혼자 놀기'는 생활이다.

이에 반해 회사를 다니는 직장인들은 하루 24시간 동안 잠잘 때 말고는 혼자 있는 시간이 별로 없다. 아침에 출근해서 저녁에 퇴근할 때까지는 사무실이라는 공간 안에서 직장 동료들과 같이 생활한다. 일도 같이 하고 담배도 삼삼오오 같이 피러 가고 커피도 같이 마신다. 점심이나 저녁때는 가족처럼 다같이 밥도 먹으러 가고 회사가 끝나면 가끔씩 밤늦게까지 술도 같이 마신다. 일찍 퇴근을 하더라도 집에는 가족이 있다. 혼자만의 시간을 가질 틈이 거의 없다.

직장을 다니던 아빠가 갑자기 평일 대낮에 집에서 혼자 있으면 일단 적응이 안 된다. 혼자라서 자유를 만끽하는 것도 잠시뿐이다. 주부 엄마라면 아이들 모임에 가거나 주변 지인들과 약속을 잡아 시간을 보낼 수 있겠지만, 아빠의 경우는 다르다. 주변에 평일 낮에 시간이 되는 남자들이 별로 없다. 결국 혼자서 익숙지 않은 시간을 보내야 한다. 단체 생활에 익숙했던 아빠들에게 이 시간은 휴식이 아닌 괴로움일 수 있다. 어떤 일이

든지 적성에 맞아야 하듯이, 아빠 육아도 어쩌면 대수롭지 않게 생각하던 이런 부분에서 의외의 걸림돌을 만나게 될 수도 있다.

나는 예전부터 혼자 있는 것을 즐기는 편이었다. 결혼 전에도 틈이 나면 사람들과 연락해서 만나기보다는 혼자서 하고 싶은 일을 하고는 했다. 혼자 영화도 잘 보고 식당에 가서 밥도 잘 먹었다. 하지만 평소에 사람들과 부대끼다가 혼자만의 시간을 가지는 것과, 육아를 하면서 지속적으로 혼자만의 시간을 가지는 것은 전혀 다른 이야기였다.

사람들을 만날 기회가 기본적으로 적은 상태에서 계속 혼자 있다 보면 그 시간이 마냥 즐겁지만은 않다. 모두가 나가고 혼자 집에 조용히 있을 때면 문득 온갖 부정적인 생각이 밀려오는 때가 있다. '내가 점점 사회와 고립되어가는 게 아닐까?' '내가 지금 뭐 하고 있는 거지?'라는 생각이 불현듯 떠오른다. 그러면 갑자기 우울해지기도 하고 자괴감에 빠져들기도 한다. 어떤 날은 사무치도록 그저 사람이 그리울 때도 있다. 그냥 누구라도 만나서 밥도 같이 먹고 이야기도 하고 싶은데, 만날 수 있는 사람이 주위에 없다.

기존 인간관계의 단절 또한 나를 혼자 놀게 하는 이유다. 퇴직하고 초반에는 나도 예전 회사 사람들이나 지인들을 주기적으로 만났다. 그렇게라도 하지 않으면 왠지 트렌드에 뒤처지는 것 같았고 무리에서 소외되는 느낌이 들었기 때문이다. 하지만 애초에 환경이 달라지니 기존 인간관계에서 공유하던 동질감 같은 것들이 점점 줄어들었다. 맞장구 쳐주는 것도 한두 번이지, 만나면 항상 하던 상사 뒷얘기나 회사 이야기들도 더 이상 나에게는 흥미 있는 소재가 아니게 되었다. 공통 관심사가 달라진 것이다.

어느 순간부터 예전에 알던 사람들과 약속을 잡는 횟수가 점점 줄어들었다. 두 달에 한 번씩 만나던 모임이 6개월에 한 번으로 줄어들더니 결국에는 1년에 한 번 볼까 말까 하게 되었다. 사이가 틀어지거나 한 것은 아니었지만 서로의 공통분모나 이해관계가 사라지니 자연스럽게 연락이 뜸해진 것이었다.

아빠가 육아를 하다 보면 점점 사회에서 고립되어간다는 느낌은 분명 있다. 부업으로 다른 일을 동시에 하는 경우에는 조금 덜하겠지만, 육아에만 전념하다 보면 바뀐 환경에 따라 자연스럽게 인간관계가 좁아지게 된다. 그렇다고 집에서 무의미하게만 지낸다면 고립을 자초하게 된다. 아빠 육아는 혼자 있는 시간을 긍정적이고 적극적으로 받아들여야 한다. 그 시간과 고독은 오히려 자신을 계발하는 기회가 될 수 있다. 위기를 기회로 활용해야 하는 것이다.

다년간의 육아를 해오면서 나도 이제 나름 '혼자 놀기의 달인'이 되었다. 노는 것도 미리 준비해야 잘 놀 수 있는 법이다. 혼자 놀 수 있는 자기만의 아이템들을 많이 준비해 놓으면 갑자기 생기는 자유시간을 알차게 보낼 수 있다.

책읽기는 내가 가장 좋아하는 아이템이다. 독서는 시간이 날 때마다 손쉽게 시작할 수 있고, 마음의 안정을 찾는 데도 도움이 된다. 집에서 멍하게 TV를 보는 것과는 비교할 수 없는 자기계발 방법이기도 하다. 게다가 도서관은 육아하는 아빠들에게는 사막의 오아시스 같은 장소가 된다. 집에서 혼자 책을 읽기보다는 도서관에 가서 사람들 속에서 책을 읽으면 고립되는 기분도 덜어낼 수 있고, 책뿐만 아니라 다양한 영상물이나 인터넷도 마음껏 사용할 수 있으니 일석이조다. 무더운 여름날에 시원한 에어컨이 나오는 도서관에서 조용히 책을 읽고 있으면 그야말로 신선놀음이 따로 없다.

힘들거나 깨달음을 얻고 싶을 때는 주로 인문고전을 많이 읽었다. 한때 열풍이 불었던 '고전 읽기'에 편승해서 시작한 것이 지금은 내 영혼의 쉼터가 되었다. 『논어』, 『맹자』의 유가 사상에서부터 『노자』, 『장자』의 도가 사상까지 여러 인문고전들을 읽으면서 마음을 다스리고 지혜를 길렀다. 고전은 처음 읽을 때보다도 천천히 여러 번 다시 읽을 때 그 의미가 더 크게 와닿는다. 시간이 오래 걸리는 책들도 있었고 지루한 부분도 있었지만, 꾸준히 읽다 보니 이전까지 딱딱하게만 느꼈던 고전들이 어느 순간 무척이나 재미있게 느껴졌고 감동적으로 다가왔다.

철학서는 나의 인생철학을 정립하는 데 많은 도움이 되었다. 철학이라는 게 세상을 바라보는 방식을 배우는 것 아닌가. '나는 왜 지금 이렇게 육아를 하고 있을까?'라는 질문이 문득문득 들 때마다 철학은 좋은 해답을 제시하고는 했다. 『주역』을 보면 '궁변통구窮變通久'라는 말이 나온다. '궁하면 변하고 변하면 통한다. 통하면 오래가고 오래가면 다시 궁해진다.'라는 의미로, 자연환경이나 인간사회는 결국 이 원칙에 따라 지속적으로 흘러가고 반복된다는 것을 나타낸다. 이 말을 알고 나니 지금 내가 살아가는 모습도 흘러가는 하나의 과정으로 받아들이고 이해할 수 있었다.

책만 보기에는 날씨가 너무 좋거나 가끔 기분 전환이 필요하다 싶으면 등산을 간다. 해보니 등산만큼 좋은 운동도 없었다. 비용도 들지 않고 좋은 공기를 마음껏 마시면서 건강까지 챙길 수 있었다. 답답한 마음을 달래려 동네 뒷산을 오르다 보면 어느새 육아 스트레스는 사라지고 해냈다는 성취감이 생겼다. '이래서 어머니들이 그렇게 시간이 날 때마다 산에 오르는구나.'라는 생각이 들었다.

문화생활도 주기적으로 즐긴다. 클래식 음악회나 미술 전시회는 한 달에 한 번은 꼭 가려고 한다. 미리 일정을 체크해서 평일에 예약을 해두면 사람도 붐비지 않고 가격도 저렴하다. 매월 둘째 목요일 오전 11시에 열리는《예술의 전당 11시 콘서트》는 2만원이라는 가격에 클래식 음악회를 감상할 수 있을뿐더러 누구나 쉽게 이해할 수 있도록 해설까지 해주기 때문에 자주 찾는 코스 중 하나다. 또 미술에는 문외한인 나였지만 전시회를 다니다 보니 이제는 인상파나 추상화 작품들을 보면서 나름의 감동을 느낄 수 있게 되었다. 기존의 나와는 전혀 어울릴 것 같지 않던 분야들도 경험해보니 새로운 자극을 받을 수 있었고 내면이 성장해 나감을 느끼게 되었다.

이렇게 혼자서도 충분히 즐겁고 의미 있는 시간을 가질 수가 있지만, 그렇다고 매번 혼자 놀아야 하는 것은 아니다. 본인 노력에 따라 기존의 인간관계를 벗어나 새로운 인간관계를 만들어나갈 수 있다. 관심 있는 강의나 교육이 있다면 수강하여 새로운 사람들을 만나도 좋고, 인터넷에는 다양한 동호회가 있으니 각자 취미에 맞게 가입하여 멤버들과 취미를 공유하는 것도 좋다.

와인도 배우고 새로운 사람들도 만나고 싶다는 생각에서 가입한 와인 동호회는 이제 내 삶의 활력소가 되었다. 한 달에 한

번 정도 모임에 나가서 함께 맛있는 음식도 먹고 이야기도 나누는 게 이제는 육아 생활의 빼놓을 수 없는 즐거움이다. 지역 모임이라 회원들의 집도 대부분 가까워서 굳이 정기 모임이 아니더라도 자주 만나면서 형, 동생 하면서 친분을 유지하고 있다. 기존에 속하던 조직에서 알던 사람들만 만나는 것보다 이렇게 여러 분야의 모르는 사람들을 만나면 새롭게 배울 점도 많다.

혼자 있는 시간은 육아하는 아빠에게는 양날의 칼이다. 본인 스스로 적극적으로 움직이지 않으면 점점 고립되는 것을 막을 수가 없다. 그러다 보면 점점 사람 만나기를 기피하고 무의미하게 집에만 있으려고 하는 '집돌이'가 되어버린다. 가장 경계해야 할 아빠 육아의 모습이다. 혼자 있는 그 시간을 어떻게 사용하느냐에 따라 육아뿐만 아니라 본인의 인생도 달라질 수 있다는 것을 명심하자.

옷 잘 입는 아빠가 위너다

육아 이야기를 하는데 갑자기 웬 옷 이야기인지 의아할 것이다. '설마, 아빠가 옷을 잘 입어야 육아를 잘한다는 말인가?' 라고 생각하신다면 바로 정답이다. 우리나라에서는 사람을 평가할 때 여전히 겉으로 드러나는 이미지를 중요하게 생각한다. 아무리 대단한 사람이라도 첫 인상이 좋지 않으면 부정적인 선입견을 갖게 되기 마련이다.

아이들을 데리고 외출을 하면 여러 엄마들을 보게 된다. 결혼했다고는 믿기지 않을 정도로 젊고 예쁘게 꾸미고 다니는 엄마가 있는가 하면, 살림과 육아에 지쳐 그냥 대충 입고 나오는 엄마도 있다. 엄마들이 독박 육아에 지쳐서 본인 관리를 못하는 사정이야 충분히 이해할 수 있다. 하지만 아빠의 경우는 다르다. 불공평하게 느껴지겠지만 요즘 시대에 육아하는 아빠들은 반드시 옷차림과 외모에 신경을 써야 한다.

앞서도 말했지만, 아빠가 아이들을 데리고 외출을 하면 일단 주위 사람들의 시선이 모여든다. 이때 아무리 내적 자신감을 충만하게 채웠다고 해도 외적 자신감이 떨어지면 내적 자신감도 쉽게 흔들리게 마련이다. 반대로 내적 자신감이 부족하다면 외양이라도 잘 꾸며두어야 조금이라도 자신감이 생긴다. 값비싼 옷으로 치장하라는 게 아니다. 외모나 옷차림에 한번쯤은 관심을 가지고 챙겨보라는 말이다. 남들이 봤을 때 호감까지는 아니더라도 비호감만은 피하자. '아재' 티만 나지 않아도 일단 성공이다.

나도 처음 육아를 시작할 때에는 마땅한 옷이 없어서 트레이닝복, 소위 추리닝을 색깔별로 몇 개 사서 돌려 입었다. 무얼 입고 다니든지 '나만 편하면 되는 거 아니냐.'라는 생각이었다. 그런데 아침에 아이들을 등원시켜주려고 나갈 때마다 엄마들을 마주치니 생각이 달라졌다. 그들의 시선이 느껴지는 것이다. 늘어진 추리닝 바지에 면티 하나 걸치고 슬리퍼 신고 다니면 그냥 엄마들 사이에서 동네 백수 아빠로 확정되는 것이었다. 게다가 나름 깔끔하게 추리닝을 입었다고 생각했지만, 조금씩이라도 옷차림에 변화가 있는 엄마들에 비해 나는 매일 같은 스타일을 돌려 입고 있었다. 하루하루 비슷한 옷차림으로 엄마들을 마주치니 또 그 몹쓸 부끄러움이 튀어나왔다.

옷에 신경을 써야 한다는 생각은 들었지만, 대체 어디서부터 시작해야 할지 막막했다. 나는 패션에는 문외한이었다. 요즘은 캐주얼 차림으로 출근할 수 있는 회사도 많지만 내가 다녔던 회사는 교복처럼 줄곧 시꺼먼 양복만 입어댔다. 그러다 보니 있던 패션 감각도 다 사라지고 말았다. 집에 있는 옷으로 코디를 해보려고 해도, 여태 주말이 아니면 일상복을 입을 일이 별로 없었으므로 가진 옷 자체가 많지 않았다. 그나마 있는 옷들도 유행이 한참 지난 것이 대부분이었다.

하지만 방법은 있었다. 요리나 살림이 그랬듯이, 패션도 여태 그 분야에 관심이 없어서 몰랐던 것이지 알고 나면 그리 어려운 것이 아니었다. 조금만 관심과 노력을 기울이니 한순간에 '옷 잘 입는 아빠'로 변신할 수 있었다.

일단 국내에 나와 있는 남성 패션잡지들을 보기 시작했다. 매달 나오는 월간지는 최신 패션 트렌드를 가장 빠르게 접할 수 있는 방법이다. 여성지보다는 가짓수가 적지만 우리나라에도 남성 패션잡지의 종류가 꽤 된다. 두세 가지 정도만 매달 반복해서 보다 보면 나름 보는 눈이 생긴다. 물론 거기에 나오는 옷이나 액세서리는 대부분 초고가의 상품들이다. 면 티셔츠 한 장에 몇십만 원 하는 경우가 태반이다. 하지만 그런 상품들을 구입하라는 게 아니다. 어떤 스타일이 유행인지, 어떻게 매치해야 하는지를 배우라는 것이다.

남성 패션잡지 《레옹》의 캐치프레이즈는 "중요한 것은 돈이 아니라 센스입니다."라고 한다. 참으로 멋진 말이지 않은가. 패션에서는 비싼 옷을 몸에 많이 걸치는 게 아니라 집에 있는 평범한 옷이라도 색다르게 매치하고 센스 있게 입는 게 중요하다는 말이다.

올봄에는 화이트 팬츠가 유행이라고 하면, 비싸지 않은 비슷한 상품을 구입하면 된다. 요즘에는 발목이 드러나는 게 유행이라 구입한 그대로 길게 늘어뜨려서 입고 다니면 '아재' 소리를 듣는다. 동네 수선집에 가면 몇천 원으로 수선이 가능하니 맡기면 된다. 나머지 셔츠나 신발, 액세서리는 잡지에서 본 것을 참고하여 본인이 가진 아이템으로 최대한 어울리게 매치하면 된다.

블로그나 인스타그램 등을 통해서 패션 감각을 익히는 것도 방법이다. 팔로우만 해두면 매일 수십 가지의 패션 코디를 다양하게 볼 수 있다. 감각을 높이는 게 중요한 만큼 시간 날 때마다 틈틈이 들어가보면 많은 도움이 된다.

가끔씩 백화점이나 쇼핑몰을 돌아다니며 실전 감각을 익히는 것도 좋다. 옷은 눈으로 보고 실제로 입어봐야 본인에게 맞는지 가장 잘 알 수 있기 때문이다. 나도 육아하는 틈틈이 오프라인 매장에 나간다. 요즘에는 SPA 브랜드가 많아져서 저렴하게 최신 유행하는 스타일의 옷을 구입할 수가 있다. 물론 고가의 브랜드 옷에 비해서 오래 입지 못하는 품질이지만, 저렴한 가격으로 트렌드에 맞춰서 입기에는 SPA 브랜드 옷들만 해도 훌륭하다. SPA 브랜드들도 저마다 스타일이 다르니 자신에게 맞는 브랜드를 찾는 것도 필요하다. 사람마다 최신 유행을 따르고 싶은 사람도 있고 무난한 스타일을 원하는 사람도 있을 테니까 말이다.

직장 생활을 할 때는 가끔 사는 옷이니까 대개 백화점에서 품질 좋은 비싼 옷을 사고는 했다. 하지만 지금은 비싼 옷 한 벌보다는 같은 값이면 여러 벌의 옷을 구매하여 입는 편이다. 한 번에 비싼 옷을 질렀다가 유행이 바뀌면 옷장에 처박히는 경우가 발생할 수 있기 때문이다. 또 단벌 신사보다는 매일 조금씩이라도 스타일을 바꾸는 게 더 감각 있어 보인다. 직장을 다니는 아빠들보다는 평일 낮에 시간이 여유로우니 세일 상품을 조금 더 쉽게 '득템'할 수 있는 것은 아빠 육아의 덤이다.

일단 옷차림에 관심을 가지고 나면 그다음은 뷰티다. 《무한도전》에 나오는 멤버들을 보자. 초창기의 모습과 지금의 모습을 비교해보면 그들이 외모적으로 엄청나게 달라진 것을 느낄 수 있다. 비록 나이는 40대 중후반 아저씨들임에도 10년 전보다 오히려 지금의 모습이 더 젊고 세련되어 보인다. 모두 관리의 덕분이다.

피부는 세안제나 팩, 화장품만 바꾸어줘도 금방 효과가 난다. 한번 바꿀 때 본인에게 맞는 화장품 등을 잘 골라놓으면 습관처럼 유지되기 때문에 그다지 귀찮지도 않다. 헤어도 너무 고리타분한 아저씨 스타일만 고집하지 말고 트렌드에 따라 변신을 해보는 것도 좋다. 뭐라고 할 직장상사도 없지 않은가. 머리 스타일 하나로도 몇 년은 젊어질 수 있다.

그동안 살면서 콤플렉스였던 부분을 성형해보는 것도 나쁘지 않다. 최근에는 연예인이 아닌 일반 남자들도 눈썹 성형처럼 간단한 시술은 많이들 한다. 나도 아내의 추천으로 해봤는데 눈썹 하나로 사람의 인상이 얼마나 바뀔 수 있는지 깜짝 놀랐다.

스웨덴에는 '라테 파파'라고 불리는 아빠들이 있다. 남자들의 육아 휴직이 의무화되어 있는 스웨덴에서 아침에 라테 한 잔을 들고 유모차를 끌고 다니는 아빠들을 일컫는 말이다. 용어 자체에서 벌써 아빠 육아의 자신감과 멋이 느껴지지 않는가. 아빠 육아는 일단 자신감이 생명이다. '옷차림은 전략'이라는 광고 카피처럼 외모에 관심을 가지는 것도 모두 육아를 더 잘하기 위한 전략 중 하나다. 남들이 보기에도 좋고 나의 자신감도 올라가는데 하지 않을 이유가 전혀 없다.

게다가 아무리 아빠라도 아무렇게나 입은 채 아이들을 데리고 다니면 아이들이 아빠를 부끄러워할 수 있다는 것을 알아야 한다. 아이들도 예쁘고 멋지다는 것을 구별한다. 아직까지 어리다고 생각한 우리 아이들도 내가 약속이 있어서 가끔 옷을 차려입으면 "우와, 아빠 오늘 멋진데."라고 한다. 엄마가 다른 친구 엄마들보다 예쁘게 하고 유치원에 오면 아이들이 으쓱해하는 것처럼 말이다. 다른 친구들과 달리 엄마가 아닌 아빠와 자주 다니는 것에 아이들은 이미 상처를 받고 있을지도 모른다. 그런 마당에 아빠의 옷차림까지 친구들에게 부끄럽게 느껴진다면 아이들의 자존감은 더 떨어지게 마련이다. 아빠의 패션은 아이의 입장에서도 신경 써야 하는 문제인 것이다. 대충 입은 차림이 정작 본인은 편하다고 해도 오히려 아이들에게는 민폐가 될 수 있다는 사실을 명심하자.

4

이제야 알게 된 것들

아이는 기다려주지 않는다

사회적으로 성공한 아버지들의 공통적인 아킬레스건은 무엇일까? 아마도 대부분 자식과의 거리감이지 않을까. 가장으로서 경제적 책임을 다하기 위해서 야근에 주말도 없이 일을 해서 사회적으로는 인정받는 남자가 되었지만, 가정에서는 그다지 환영받지 못하는 경우가 많다.

예전에 모셨던 회사 임원 중 한 분이 한번은 나에게 이런 말을 했다.

"나도 너 정도 나이일 때 진짜 열심히 일했어. 회사가 어려워서 집에 월급을 못 가지고 간 것도 몇 달이었고 정신없이 일하느라 집에 못 들어간 날도 많았지. 지금 내가 나름 성공한 인생처럼 보이겠지만, 나는 아직도 아쉬운 게 있어. 우리 딸이 어릴 때 더 많은 시간을 함께하지 못한 거야. 그게 지금 그렇게 아쉬워. 이제는 다 커서 나랑 딱히 추억도 없는 딸을 보면 그게 내 인생에서 제일 후회스러워."

남들이 보기에는 역경을 딛고 성공한 인생을 개척한 인물로 우러러 볼 분이었지만, 그런 아쉬움을 토로하는 모습에서 가슴속에 아리는 무언가가 느껴졌다.

우리 부부가 맞벌이를 할 때에는 특히 첫째 아이가 정서적으로 많이 불안했다. 둘째에 비해서 마음이 여리고 사소한 말에도 상처를 잘 받아서 항상 말이나 행동이 조심스럽던 아이였다. 그러니 아무리 친할머니가 키워주신다고 해도 엄마가 아닌 이상 한계가 있었다. 매번 출근할 때마다 엄마, 아빠와 헤어지는 게 싫어 울음바다를 만드는 게 일상이었다. 하원하고 집에 와도 잘 놀지도 않고 엄마, 아빠 오기만 기다린다고 했다. 가뜩이나 성격이 여린 아이인데 불안정한 주변 상황들로 문제가 더 심각해질까 봐 걱정이 많았다.

당시는 내가 중요한 회사 프로젝트로 매일 야근을 하고 아침이 다 되어서야 집에 들어오는 날이 반복되던 때였다. 그런 나의 안중에 아이들은 없었다. 심지어 꿈에서도 회사 일을 하고 있었다. 그런데 밤을 꼬박 새고 이른 아침에 퇴근하던 어느 날, 침대에서 곤히 자고 있는 아이들을 보았다. 얼마나 세상모르게 순진한 표정으로 자고 있었는지 그 모습에 마냥 웃음이 났다.

이렇게 사랑스러운 아이들을 며칠째 잊고 지냈다고 생각하니 마음이 아팠다.

그러자 문득, 지금 이 순간에 진짜 중요한 일은 회사의 프로젝트가 아니라 아이들이라는 생각이 들었다. 무엇보다도 시급하고 중요하다고 생각해 온 회사 일이 한순간에 무의미하게 느껴졌다. 진짜 소중한 것을 제쳐놓고 쓸데없는 일에 나를 소진하고 있다는 생각이 들었다. 나의 커리어도 물론 중요하겠지만, 그보다는 나중에 후회하지 않게 이 아이들과 지금 더 많은 시간을 보내야겠다고 그때 결심했다.

그동안 자주 볼 수 없었던 아빠를 자주 보게 되니 아이들은 일단 즐거워했다. 맞벌이할 때는 매일이 이산가족이었는데, 이제는 아빠라도 집에 있으니 아이들이 좀 더 안정되는 느낌이 들었다. 나도 그동안 해주지 못한 것들에 미안한 마음이 있어서 아이들과 있을 때는 최대한 아이들에게 집중하려고 노력했다. 그런 시간들을 나 또한 간절히 원하던 바였다.

첫째는 예전에 비해 확연하게 달라졌다. 더 이상 예전의 우울하고 의기소침해 있던 모습은 찾을 수가 없게 되었다. 어린이집 담임선생님도 아빠가 오고 나서 아이가 많이 밝아졌다고, 친구들 앞에서도 자신감 있게 행동하고 적극적이고 명랑한 아이로 바뀌었다고 전해주었다. 나는 부모의 손길이 아이들에게 얼마나 긍정적인 영향을 미치는지를 직접 경험했다. 단지 필요할 때 옆에 있어주고 같이 시간을 보낸 것뿐인데 아이들은 그것만으로도 충분했던 것이다.

아이들에 대한 이해도 깊어졌다. 예전에는 주로 주말에만 마주치고 형식적으로 놀아주다 보니 아이들에 대해서 아는 게 별로 없었고 관심도 없었다. 유치원에서 어떤 반인지, 친한 친구는 누구인지 등 아이에 대해 알고 있는 정보가 제로였다. 그러니 대화를 해도 수직적인 대화가 오갈 뿐, 어떤 공감 같은 것은 찾을 수가 없었다. 그러나 지금은 아이들과 오랜 시간을 같이 지내면서 자연스레 서로에 관해 대화하는 시간이 길어졌다.

두 딸은 모두 엄청난 수다쟁이다. 한번 이야기를 시작하면 좀처럼 끝나질 않는다. 유치원에서 있었던 일이나 하루 중 재미있었던 일들을 물어보지 않아도 매일매일 보고해준다. 그러면 듣고 있다가 가끔씩 맞장구를 쳐주기도 하고 궁금한 것을 물어보기도 하면서 한참을 같이 수다를 떤다.

아이들의 사생활에 대해서도 많은 이야기를 나눈다. 같은 반에서 좋아하는 남자아이의 이름은 무엇인지, 예전에 좋아하던 친구는 왜 싫어졌는지 같은 '연애사'가 단골 화제다. 이런 소소한 정보들이 나중에 아이들과 대화할 때 의외로 큰 힘을 발휘한다. "○○는 요즘 잘 지내?"라고 좋아하는 남자아이의 근황을 물어주면 아이들은 그만큼 아빠가 자기를 더 잘 이해한다고 느끼는 것 같다. 그래서 점점 속 깊은 이야기도 서슴없이 털어놓고는 한다. 그렇게 나는 아이들에게 '아빠'이면서 '세상에서 가장 친한 친구'가 될 수 있었다.

어느 날 저녁, 아이들과 조촐한 저녁을 먹으면서 이런 얘기, 저런 얘기를 하는데 큰 아이가 나를 바라보며 갑자기 이런 말을 했다.

"아빠가 있어서 너무 행복해요."

순간 울컥하는 기분이 들었다. 마치 그동안의 육아에 대한 보상을 한꺼번에 받은 느낌이랄까. 이보다 더한 칭찬이 어디 있겠는가. 서투른 아빠 육아인지라 하면서도 내가 잘하고 있는지 모르는 상황이었는데 아이에게서 잘하고 있다는 확인을 받았으니 말이다.

이제 아이들은 엄마보다 아빠를 더 편안하게 생각하고 따른다. 잠자리에 들 때에도 서로 아빠와 자겠다고 난리를 피운다. 한마디로 아빠 껌딱지가 된 것이다. 아내도 달라진 현실을 인정하지만 조금 섭섭해하기도 한다. 아빠가 아이들에게 예전의 엄마 같은 존재가 되고 나니, '내가 그동안 육아를 나름 잘했구나.'라는 생각이 들며 뿌듯해졌다. 끈끈해진 아이들과의 유대감은 이제 무엇과도 바꿀 수 없는 내 육아 생활의 소중한 결실이 되었다.

그보다도 보람찬 것은 아이들과 소중한 추억을 많이 쌓았다는 점이다. 비록 아이들이 어른이 되어서 지금 나와의 추억을 잘 기억하지 못하거나, 사춘기가 와서 아빠와 사이가 멀어지더라도 나는 괜찮을 것 같다. 나에게는 아이들과 함께했던 추억이 남아 있을 것이기 때문이다. 아이들이 가장 사랑스럽고 귀여웠던 그 시절의 하루하루를 내가 함께했다는 사실만은 변하지 않을 터다. 내가 원했던 것도 단지 그것뿐이다.

꼭 특별한 기억만이 아니더라도 일상의 모든 소소한 추억들이 나에게는 의미가 있다. 동네 어린이집을 데려다주며 같이 걷던 그 등굣길. 하원을 위해 데리러 가면 "아빠!" 하고 달려오던 그 모습들. 잠자리에 누워 서로 나누었던 수많은 상상의 이야기들. 어느새 수다 모임이 되어버린 식사 시간들. 집 안에서든 야외에서든 웃음이 끊이지 않았던 수많은 놀이의 순간들. '일상 탈출'을 외치며 떠났던 다양한 여행의 추억들까지. 이제는 무엇으로도 바꿀 수 없는 내 평생의 보물이 되었다. 항상 신나고 밝은 아이들을 볼 때마다 하나의 생명을 키운다는 게 얼마나 가치 있는 일인지 깨닫게 된다.

요즘 20~30대 사이에서 'YOLO' 라는 단어가 유행이라고 한다. 'You Only Live Once'의 줄임말로, '인생은 한 번뿐이니 미래를 걱정하기보다는 현재 자신의 행복을 위해서 살아라.'라는 의미라고 한다. 그렇게 본다면 나도 지금 'YOLO족'으로 살고 있다. 나의 미래나 경제적인 부에만 초점을 맞추고 현재를 희생하는 삶이 아닌, 지금 내가 가장 행복을 얻을 수 있는 삶을 살고 있으니 말이다.

그렇게 원하고 원했던 아이들과의 시간을 마음껏 가지게 되었지만, 나는 아직도 이 시간이 고프다. 5년이 가까운 시간을 아이들과 보내고 있는데도 말이다. 기저귀 갈아주던 둘째도 내년이면 초등학교에 들어간다. 내가 아이들을 떠나는 게 아니라 아이들이 나를 떠날 시간이 점점 가까워지고 있다는 생각에 아쉬움이 더욱 커진다.

모든 아빠들이 육아의 기회를 쉽게 가질 수는 없다. 가질 수 있더라도 그것을 선뜻 시작하기는 더더욱 어렵다. 하지만 나는 기회가 된다면, 인생에서 꼭 한 번은 경험해봤으면 하는 바람이다. 비록 그 기간이 짧더라도 말이다. 아이들에게 아빠가 필요한 시간은 한정되어 있다. 그리 길지도 않다. 그 기회를 잡아서 아이들과 소중한 추억을 쌓고 공감대를 형성한다면 그것만으로도 인생을 사는 또 다른 의미를 발견할 수 있다.

인생은 타이밍이다. 아이들은 아빠를 언제까지나 기다려주지 않는다. 그 때를 놓치지 않는 게 중요하다.

부부 관계가 좋아진다

몇 년 전에 심심풀이로 부부 궁합을 본 적이 있다. 그분의 말씀에 의하면 둘 다 '금金'의 성격이 강해서 같이 있으면 쨍그랑 소리가 날 거라고 했다. 나에게는 혹시나 아내와 싸우게 되면 절대로 맞받아치지 말고 조용히 대화로 해결하라고 충고해주었다. 서로 맞받아치다가는 무슨 일이 벌어질지 모른다는 의미였다.

굳이 궁합이 아니더라도 우리 부부는 이제 서로 웬만한 일로는 잘 싸우지 않는다. 습관처럼 투덜대거나 시비를 걸지도 않는다. 한번 발동이 걸리면 정말 대판 싸운다는 것을 잘 안다. 날카로운 칼과 칼이 서로 부딪친다고 생각해보라. 얼마나 섬뜩하겠는가.

연애 시절에 우리 부부는 단 한 번도 싸운 적이 없었다. 만난 지 8개월 만에 결혼식을 올렸으니 연애 기간이 짧았던 탓도 있겠지만, 서로 성격이 너무나도 잘 맞았다. 대화도 잘 통하고 취미도 비슷해서 다툼이 일어날 일이 별로 없었다. 결혼 전에 많이들 싸우게 되는 혼수 준비도 서로 양보하면서 잘 치러냈다. 그랬으니 결혼하고 나서도 우리는 서로 싸우지 않을 거라는 순진한 생각을 한 적이 있었다. 물론 그 생각이 깨지기까지는 얼마 걸리지 않았다.

결혼하고서 우리 부부는 참 많이도 싸웠다. 특히 아이를 낳고 나서부터는 싸움의 빈도와 정도가 훨씬 심해졌다. 아내는 아내대로 아이 키우느라 힘이 들고 나 또한 신경 써야 할 부분이 많아지니 사사건건 부딪쳤다. 맞벌이할 때는 매 순간이 폭발 직전이었다. 말 한마디를 해도 좋은 소리가 나오기 힘들었다. 내가 일단 죽을 것 같으니 서로 남 생각을 할 여유가 없었다. 퇴근하고 오면 집에 계시는 어머니의 눈치를 보느라 마음껏 싸우지도 못해서 일부러 집 앞에서 만나 싸운 적도 있었다.

그랬던 우리 부부는 내가 집에 들어오면서부터 사이가 조금씩 달라지기 시작했다. 아빠가 엄마 역할을 하고 엄마가 아빠 역할을 하게 되니, 처음 해보는 역할이라 익숙하지 않아서 서로에게 더 기댈 수밖에 없었다. 나의 경우는 특히 살림이나 육아에 있어서 생초보였기 때문에 많은 부분들을 아내에게 수시로 물어보면서 해나가야 했다. 그렇게 아내의 도움을 받다 보니 그동안 아내가 힘들었던 부분들을 점점 이해할 수 있었다.

회식으로 늦게 들어간다고 전화를 하면 갑자기 싸늘해지는 아내의 목소리. 그런 날에는 100% 내가 들어올 때까지 안 자고 있다가 분노의 잔소리를 쏘아댔다. 어차피 퇴근하고 집에 가도 내가 깨어 있는 시간은 두세 시간 정도밖에 안 되는데, 왜 그렇게 나를 못 잡아먹어서 안달인지 그때는 이해가 되지 않았다. 남자의 사회생활을 이해하지 못하는 아내가 오히려 문제라고 생각했다. 한번은 너무 억울해서 아내에게 울며 소리를 친 적도 있다. "내가 술을 먹고 싶어서 먹냐고! 나도 집에서 쉬고 싶은 사람이라고!"

하지만 이제는 아내가 왜 그렇게 분노했는지 안다. 하루 종일 눈코 뜰 새 없이 육아며 살림을 하다 보면 나도 어느새 아내의 퇴근 시간만 기다리게 된다. 한 사람이라도 옆에 있는 것과 없는 것의 차이는 크다. 일손을 하나라도 덜게 되고 심리적으로도 안정이 된다. 그 퇴근 시간만 바라보며 묵묵히 참아내고 있는데 갑자기 회식이라 늦는다는 전화 한 통을 받으면 힘이 빠질 수밖에 없다. 아이들 저녁도 챙겨야 하고 설거지에 목욕까지 할 일이 산더미인데 말이다. 나도 혼자서 그 많은 일들을 다 해치우고 나면, 그제야 술에 취해 들어오는 아내가 예뻐

보일 수는 없었다.

그나마 아내의 회식 빈도가 적은 것은 다행이었다. 나는 회식이라는 핑계로 개인적인 술자리를 가진 적도 꽤 있었는데, 지은 죄가 있으니 아내에게 잔소리하기가 힘들었다. 오히려 '아, 그때 아내가 참 힘들었겠구나….'라고 생각해보게 되었다. 아내가 퇴근하고서 소파에 누워 TV만 보고 있을 때도 어느 정도 이해할 수 있었다. 돌이켜보면 이상하게 퇴근만 하면 나도 온몸에 힘이 쫙 빠졌다. 집에 왔다는 안도감 때문이었을까? 그냥 일단 눕고 싶었다. 아이들이 달려들어도 반응은 형식적이었다. 몸과 마음은 그냥 혼자 내버려뒀으면 좋겠다는 생각뿐이었다.

가끔씩 아내가 이렇게 다른 아빠들처럼 행동할 때는 얄밉기도 하지만, 평소 엄마 역할을 하는 나를 가장 많이 이해해주는 것은 아내다. 육아에 지친 나에게 휴가를 먼저 권하는 것도 아내다. 가끔 힘들고 매너리즘에 빠져 있으면 아내가 먼저 며칠 여행이라도 다녀오라고 말해준다. 독박 육아를 경험해본 아내이기에 육아를 하다 보면 '단절의 시간'이 필요하다는 것을 누구보다도 잘 안다. 낮에 전화해서 점심은 챙겨먹었냐고 물어봐주는 것도 아내뿐이다. 나는 한 번도 그렇게 전화해서 밥 먹었냐고 먼저 물어본 적이 없었는데 말이다. 퇴근하고 밤늦게까지 남은 뒷정리를 하느라 피곤할 텐데도 다음 날 남편 먹으라고 찌개며 반찬거리를 만들어놓기도 한다.

받은 만큼 해준다는 개념이 아니라, 부부 각자가 알아서 먼저 상대방을 배려했다. '지금쯤이면 이 사람이 힘들겠구나.'라는 것을 경험을 통해 알고 있으니 나올 수 있는 행동이다. 서로의 역할을 바꿔보지 못했다면 여태 이해조차 못했을 것이다.

'아빠 육아'라는 남들이 가지 않는 길을 같이 간다는 생각에 동지애 같은 것도 생겼다. 우리 가족의 특별한 상황은 주변 부부들에게서는 이해를 구하지가 쉽지 않다. 우리가 아무리 어렵고 힘들다고 해도 그들에게는 이해할 수 없는 부분이 많기 때문이다. 아빠가 살림을 서툴게 한다고 그것을 다른 엄마에게 토로할 수도 없고, 독박 육아가 힘들다고 다른 아빠들에게 공감을 얻기도 어렵다. 우리도 나름 고충을 이야기하고 싶은데 남들에게는 털어놓기가 어려운 것이다. 그렇기에 우리의 불만을 가장 잘 이해해줄 수 있는 사람은 결국 우리 부부 자신들이었다. 불만을 서로에게 이야기하고 오해도 풀면서 서로를 더 잘 이해할 수 있었다.

고백하기가 살짝 부끄럽지만 이전보다 아내를 더 배려할 수 있었던 이유 중 하나는 바로 경제력이다. 어찌 됐건 우리 집의 경제권이 아내에게 있으니 예전보다 큰소리를 치기가 힘들었다. 내가 일을 하고 돈을 벌 때에는 나의 목소리와 행동에 힘이 있었다. 아내의 잘못에 쉽게 지적질을 하고 잔소리도 할 수 있었다. 그러나 지금은 달라졌다. 열심히 일해서 돈을 벌어 온 아내에게 사소한 일로 잔소리를 할 수는 없는 노릇이었다. 눈보라 치는 추운 날씨에도 출근하는 아내를 보면 안쓰럽기까지 하다. 예전에 맞벌이 생활을 할 때가 아내는 더 힘들었을 텐데 그때는 전혀 그런 마음이 들지 않았다. 아내가 힘들다고 투정이라도 부리면 나도 힘들다고 더 크게 받아치고는 했다. 이제는 알게 되었다. '아, 내가 참으로 용감하게 살았구나.'

법륜 스님은 "부부 사이에는 마음으로부터 배우자에게 머리를 숙이고 '예, 그렇게 하겠습니다.'라고 상대의 생각을 인정하고 받아들이는 자세를 취해야 몸과 마음이 건강해진다."라고 말했다. 살림과 육아를 해보면서 나도 마음으로부터 아내를 인정하고 받아들일 수 있게 되었다. 지난날 나의 어리석었던 잘못들도 많이 반성했다. 부부 싸움을 전혀 안 할 수는 없지만, 다툴 조짐이 보이면 이제는 일단 아내의 입장에서 먼저 생각해 보려고 한다. 아내도 물론 나의 마음을 예전보다 더 많이 이해해주고 보듬어주고 있다. 서로의 역할을 바꾸어 생활하다 보니 자연히 서로의 대한 이해심과 배려심이 커졌다. 역지사지의 자세가 만들어진 것이다.

육아를 시작한 이후로 매년 한 번씩, 아내와 둘만의 해외여행을 다녀오고 있다. 오히려 아이들과는 같이 가지 않는다. 어차피 아이들은 갔다 와도 기억하기 힘들 테고, 일상에서 아이들과는 충분히 많은 시간을 함께 보내고 있기 때문이다.

주위에서는 부부 둘만 떠나는 여행을 잘 이해하지 못했다. 부부 둘만 가면 더 싸우지 않느냐는 사람들도 있었고, 아이들 없이 무슨 재미로 가느냐는 사람도 있었다. 처음에는 나도 망설였다. 과연 아내와 나 둘만의 여행이 순탄할까라는 불안감이 있었다. 아이들을 성인으로 다 키워놓은 부부가 몇십 년 만에 처음으로 둘만의 여행을 다녀오자마자 이혼을 준비했다는 이야기도 있지 않던가. 하지만 문득 더 늦기 전에 아이들 없이 아내와 둘만의 추억을 쌓고 싶다는 생각이 들었다. 아내의 소중함을 알게 되니 그녀와의 시간이 무엇보다 소중하게 느껴졌다. 자금에 여유가 있었던 것은 아니다. 하지만 이것저것 생각하다 보면 영원히 가지 못할 것 같았다. 마음의 여유든 금전적인 여유든 우리에게는 언제나 부족한 것이 아니던가. 그래서 그냥 떠나기로 했다. 돈이 없으면 빚을 내서라도 떠나자는 심산이었다.

막상 가보니 걱정은 기우였다. 새로운 환경에서 둘만의 시간을 가지니 마치 예전 연애 시절로 되돌아간 것처럼 신선하고 설레기까지 했다. 철없는 스무 살처럼 절벽 다이빙을 같이 하기도 했고, 외국인들과 어울려 클럽 투어를 다니기도 했다. 일행은 우리가 애 둘 있는 부부라고는 상상도 못했을 것이다. 매년 다른 나라를 여행하면서 겪은 다양하고 새로운 경험들은 우리 부부의 내면을 더욱 풍성하게 만들어주었다. 또 낯선 여행지에서 추억을 공유하고 함께 시간을 보내면서 다시 한번 둘만의 애틋함과 청춘의 느낌을 되찾을 수 있었다.

그렇게 시작된 아내와의 여행은 이제 우리 부부의 연례행사처럼 치러지고 있다. 아내도 일 년을 설레게 하는 힘이라고까지 말한다. 떠나기 전에는 수많은 고민들이 우리 앞에 있었지만 여행이 끝날 무렵 우리에게 남은 것은 다음 여행지에 대한 고민뿐이었다. 무작정 떠난 여행이었지만 그로 인해 인생을 새로운 각도에서 바라볼 수 있는 여유도 생겼다. '아이들도 소중하지만, 무엇보다 부모인 우리가 행복해야 아이들도 행복해질 수 있다.'라는 것을 여행을 통해 깨달았다. 지금이 아니면 다시 만들 수 없는 추억들 또한 너무나도 소중하다. 50대도 아니고 70대도 아닌, 아직 젊다면 젊은 우리 30대의 추억이니 말이다.

지금 나에게 아내는 진정한 '내 인생의 동반자'로 느껴진다. 예전에는 '인생의 동반자'라는 단어가 무슨 의미인지 전혀 와닿지 않았다. 그러나 그동안 이런저런 힘든 일을 같이 겪으면서 다투기보다는 위로와 격려를 해주는 아내를 보면 그 어느 때보다도 고맙고 소중한 존재로 여겨진다.

아빠가 육아를 한다고 무조건 부부 관계가 좋아지는 것은 아니다. 하지만 부부의 역할을 한번 바꾸어보는 것만으로도 많은 부분이 달라질 수가 있다. 그동안 얼마나 상대방에 대한 이해나 배려 없이 자기 입장만 내세웠는지 생각해보자. 그리고 서로의 입장에 서보자. 그러고 나면 아내가 다시 가장 사랑스러운 연인이 될지도 모른다.

아내도
꿈이 있다

캐나다 통계청이 발표한 전국 가정의 근로실태조사 내용을 보면 2014년 기준 15세 이하 자녀를 둔 캐나다 가정의 69%가 맞벌이를 하고 있는 것으로 나타났다. 1976년 조사에서는 36%의 부부만이 맞벌이였던 것과 비교하면 두 배 가까이 증가한 것이다. 우리나라의 경우는 2014년 기준 17세 이하의 자녀를 둔 가정의 맞벌이 비율은 47.3%라고 한다. 부모님 세대의 가족 구조를 떠올려보면 우리나라도 맞벌이 가구의 비율이 과거에 비해 크게 증가했음을 알 수 있다.

맞벌이 가구의 증가 추세는 여권 신장에 따라 여성의 사회 진출이 증가했기 때문이라고도 볼 수 있겠지만, 현실적으로는 이제 한 사람의 소득으로는 가정 경제를 유지하기가 어렵기 때문이라고 볼 수 있다. 월급만 빼고 다 오르는 기이한 현실에서 외벌이로만 가정 경제를 이끌어 가기에는 힘에 부친다. 아이들이 어느 정도 크고 나면 집에 있던 아내들도 다시 일터로 나가고 있는 게 현실이다. 실제로 자녀 연령별 맞벌이 비율을 보면 6세 이하의 아이를 둔 가정에서는 맞벌이 비율이 37.4%로 가장 낮았는데, 아이의 연령이 높아질수록 비율이 증가하면서 13~17세일 때는 58.6%까지 늘어나고 있다.

여성의 사회 진출이야 환영할 만한 일이지만, 문제는 아이를 키우느라 경력이 단절된 여성들이 다시 일을 하고 싶다고 해도 예전과 같은 양질의 일자리를 찾을 수 없다는 데 있다. 우리나라 여성이 경력 단절 이후 재취업을 하는 데 걸리는 시간은 평균 8.4년이라고 한다. 대략 아이들이 초등학교 저학년이 지난 이후의 시점이다. 아이들을 키우는 동안 엄마의 경력은 철저하게 단절된다. 이제는 아이들도 다 크고 시간도 남아서 일을 하고 싶지만, 그때는 이미 예전에 다녔던 안정적이고 좋은 일자리는 찾기가 어렵다. 기껏 취직해봐야 파트타임이거나 크게 전문성이 필요 없는 일들이 대부분이다.

그런데 생각해보자. 반드시 엄마들이 일을 그만두어야 할까? 요즘은 남편들이 무조건 아내보다 좋은 조건의 직업을 가지고 있는 것은 아니다. 능력 있는 아내들이 이미 안정적인 직장에서 돈을 벌어들이고 있는 경우가 많다. 주변 지인들의 경우를 보더라도 아내가 더 능력이 있고 연봉도 많이 받는 경우가 꽤 있다. 맞벌이로 힘들어하는 한 친구의 이야기를 들어보면 "사실 둘 중 한 명이 그만두어야 한다면 내가 그만두는 게 맞는데, 주위의 시선이 있어서 그냥 참고 다닌다."라고 하소연을 하고는 한다.

이번에는 아빠들의 경우를 보자. 일반 사무직을 하던 남자들은 회사를 그만두고 나오면 대부분 새로운 일을 처음부터 다시 시작해야 하는 처지다. 마흔 전후인 직장인 선후배들을 만나보면 공통 화두는 하나같이 "사오정(45세 정년)이라고, 좀 있으면 퇴직인데 회사 그만두면 앞으로 뭐 해먹고 살지?"다. 아무리 술을 들이켜며 고민해보아도 마땅한 대안은 없다. 대책 없는 푸념 뒤에 결론은 항상 퇴직금으로 치킨집을 차리는 것뿐이다. 그런데도 육아 문제로 능력 있는 아내의 경력을 단절시켜 놓고, 몇 년도 채 안 되어서 남편이 치킨집을 차리는 게 과연 현명한 선택일까?

인생에도 보험이 필요하듯이 가정의 경제적, 금전적 상황에도 보험이 필요하다. 대부분의 직장인 남자들이 회사를 그만두면 자영업을 해야 하는 현실에서 아내가 커리어를 상대적으로 오랫동안 유지할 수 있다면, 일단 엄마가 직장을 다니고 아빠가 육아를 하면서 나중에 사업을 준비하는 게 만약의 상황을 대비한 보험이 될 수 있다. 아내가 집에 있는데 퇴직하고 무턱대고 시작한 사업에서 실패라도 한다면 인생이 한순간에 벼랑 끝에 몰리게 되기 때문이다.

내가 아내 대신 회사를 그만둔 것도 이런 현실을 고려해서였다. 아내의 경우 회사를 그만두면 다시 그런 직장을 찾기가 쉽지 않아 보였다. 결국 장기적인 관점에서 내가 육아를 하는 게 부부의 경제활동을 더 오래 유지할 수 있는 길이라고 판단했다.

남자들도 이제는 살림과 육아 때문에 무조건 아내에게 은퇴를 강요해서는 안 된다. 이미 기본적인 생활비만으로도 월급을 넘어서는 우리 세대들은 조금이라도 더 장기적으로 벌이 계획을 마련해 둘 필요가 있다. 짧은 육아의 시간을 위해서 아내가 좋은 직장을 포기하고 경력이 단절된다면 남편들도 얼마 지나지 않아 후회할 날이 반드시 온다. 한때는 나도 아내에게 회사를 그만두라는 말을 서슴없이 한 적이 있었다. 하지만 지금 생각해보면 아찔하기까지 하다.

아내가 경력을 계속 유지했을 때의 장점은 단순히 금전적인 부분만 있는 것이 아니다. 아내는 한 남편의 아내이기 전에 꿈을 가진 한 사람의 여자다. 남자와 마찬가지로 자신만의 꿈을 향해 수십 년 동안 치열하게 공부하고 경쟁하며 달려온 사람이다. 오랜 준비와 노력 끝에 자신의 꿈을 찾아 커리어 우먼의 생활을 시작했는데, 결혼하고 출산했다는 이유만으로 그 꿈을 한순간에 포기하게 만드는 것은 너무 가혹하다.

한 개인의 인생을 봤을 때도 본인의 직업을 가지고 남은 인생을 사는 게 자존감을 높이는 데 큰 도움이 된다. 비록 사회생활을 하다 보면 힘든 일도 있고 그만두고 싶을 때도 많겠지만, 본인의 일을 하는 데서 오는 만족감과 성취감은 무시할 수가 없다. 그로 인한 좋은 기운은 가족들에게도 그대로 전해져 가족 관계의 개선에도 도움이 됨은 당연하다.

육아나 살림 때문에 능력 좋고 일 잘하는 아내를 무조건 집으로 보내지는 말자. 아이들을 잘 키우는 것도 중요하지만 아내의 꿈과 희망도 소중하고 가정 경제도 반드시 신경 써야 하는 부분이다. 남자라고, 아빠라고 무조건 나만 믿으라고 큰소리치지도 말자. 냉정하게 현실을 바라보자. 누구도 안심하고 정년을 기대할 수 있는 시대가 아니다. 그러니 가정을 장기적, 안정적으로 유지할 수 있는 최선의 내안이 아빠 육아라는 결론이 나온다면 과감하게 선택하자. 감정적인 판단이 아니라 이성적이고 합리적인 판단이 필요한 시점이다.

저녁이 있는 삶

최근에는 결혼을 하지 않고 혼자 사는 싱글족이 늘어나고 있다. 경제적인 이유나 결혼 이후의 육아와 살림에 대한 걱정으로 차라리 혼자 사는 게 낫다고 생각하는 사람들이 많다. 평생 싱글로 살겠다고 선언한 사람이 '비혼식非婚式'이라는 이름으로 그동안 낸 축의금을 돌려받는 행사를 열기도 한다.

한편 아이를 가져야겠다고 생각하는 부부들은 줄고 있다. 입시 지옥과 끝 간 곳 모르는 사교육비용 등 아이를 키우기 힘든 현실에서 임신과 출산은 곧 지옥행이라는 공식이 만연하다. 그래서 결혼은 하더라도 아이는 낳지 않고 부부 각자의 생활을 즐기는 부부, 즉 딩크족(DINK : Double Income, No Kids)이 늘고 있다.

나 역시 결혼하고 나서도 '차라리 싱글로 살걸….'이라는 생각을 해본 적이 있다. '혼자 돈을 벌면서 조그마한 원룸에서 살면 생활비 걱정이나 아이들 교육비 걱정을 안 하고 살 텐데.'라고 말이다. '정년까지만 악착같이 회사에 붙어 있으면서 아끼고 저축하면 내 한 몸 평생 남에게 의지하지 않고 편안하게 잘 살 수 있을 텐데.'라는 생각도 들었다.

아내가 첫째 아이를 출산했을 즈음, 막 태어난 아이와 새로이 엄마가 된 아내에게 관심과 사랑을 주어야 할 중요한 시기에 나는 방황에 빠져 있었다. 원인은 직장 때문이었다. 새롭게 옮긴 팀이 내부 사정으로 1년 만에 해체되면서 기존 팀으로 다시 복귀하게 된 것이다. 이미 후임들이 나의 일을 다 꿰찬 상태에서 내가 할 일은 없었고, 그렇다고 다른 팀으로 가기도 애매해서 반년 동안 하는 일 없이 눈치만 보고 있었다.

회사 내에서 나의 위치는 불안정했고 정신적으로도 많이 힘들었다. 그러나 집에 있는 아내에게 위로를 받기는 어려웠다. 아내는 아내대로 혼자 집에서 아이를 보느라 고생하고 있었다. 그러다 보니 우울한 기분으로 집에 들어가봤자 독박 육아에 지친 아내와 다툴 가능성만 높았다. 밖에서 문제가 있어도 가족에게 위로를 받을 수 없으니 퇴근하고 집으로 가는 게 점점 싫어졌다. 일부러 약속을 만들어 술에 취해 늦게 귀가하고 더더욱 밖으로 돌았다. 그 당시 나에게 가족이란 존재는 거추장스럽기만 했다.

하지만 이제는 다르다. 아빠 육아를 시작하고서 아내와 아이들과 더 많은 시간을 가지다 보니 비로소 가족의 의미와 소중함을 알게 되었다.

내가 집으로 들어오고 나서 달라진 점 중 하나는 가족들과 함께 보내는 저녁 시간이 생겼다는 것이다. 어찌 보면 하루 한 끼 정도는 가족들과 같이 먹는 게 당연한 일인데도 우리나라의 현실에서는 거의 불가능하다. 내가 회사에 다닐 때는 평일 저녁에 가족들과 다 같이 식사를 해본 기억이 별로 없다. 저녁은 대부분 회사에서 먹고 들어오거나, 일찍 들어와도 8~9시이니 아이들이 그때까지 밥을 안 먹고 기다릴 수는 없었다. 그러나 지금은 내가 저녁을 준비하기 때문에 아내만 정시에 퇴근하면 온 가족이 저녁식사를 같이 할 수가 있다.

정신없는 아침 시간과는 달리 저녁식사 시간은 하루 중 처음으로 가족이 마주 앉는 소중한 시간이다. 보람찬 하루를 보내고 돌아온 가족이 각자의 하루에 대해 이야기를 나누고 맛있는 음식도 함께 먹는 시간. 예전에는 저녁 시간이 이렇게 소중한 줄 몰랐다. 현실적으로도 함께하기 힘들었지만 '그냥 밥 한 끼 먹는 건데, 같이 먹으면 어떻고 아니면 어때.'라는 생각을 가지고 있었다. 그런데 요즘은 온 가족이 모여 같이 저녁을 먹으면서 이야기를 나누다 보면 '이게 가족이구나.'라는 생각이 든다. 식탁이라는 좁은 공간에 모두 모여 시간을 보내다 보면 가족애가 절로 느껴진다.

아내가 일찍 오는 경우에는 아내와 같이 저녁을 준비한다. 내가 국이나 찌개를 끓이면 아내가 간단한 반찬을 하고 식탁을 차린다. 아이들도 각자의 역할이 있다. 첫째는 수저 담당, 둘째는 물 담당이다. 온 가족이 각자의 역할에 맞게 저녁을 준비한다. 식사 준비가 끝나면 보통 사진을 한 장 찍는다. 오늘의 저녁 시간을 기념으로 남기기 위해서다. 특별한 요리는 아닐지라도 가족들의 얼굴과 저녁 식탁을 함께 남겨놓으니 그것도 나름 추억이 된다. 우리 가족이 식사하기 전에 꼭 하는 의식이 있다. 바로 각자의 물컵을 들고 건배를 하는 것이다. 컵을 서로 부딪치면서 모두 큰 소리로 외친다. "오늘도 수고하셨습니다."

식사가 끝나고 나면 내가 설거지나 부엌 정리를 하는 동안 아내가 아이들을 목욕시키거나 취침 준비를 한다. 물론 반대로 할 때도 있다. 정리가 끝나면 그때부터는 가족만의 자유시간이다. 재미있는 TV 프로그램이 있으면 다 같이 보기도 하고 보드 게임 같은 놀이를 하는 경우도 있다. 날씨가 따뜻해지는 봄, 여름에는 식사 후에 동네를 한 바퀴 산책하는 것도 코스 중 하나다. 소화도 시킬 겸 아이들과 손잡고 동네를 걸으면서 간식도 사 먹고 공원에서 운동을 하기도 한다.

아이가 숙제를 해야 하는 경우에는 내가 첫째와 같이 공부를 하면, 아직 숙제가 없는 둘째는 엄마와 같이 책을 읽는다. 잠자리에 드는 것도 부모의 역할이 있다. 내가 책을 읽어주면서 아이들을 재우면 아내는 마지막 집 안 뒷정리를 한다. 부부 두 사람이 저녁에 같이 시간을 보낼 수 있으니 아이들과의 시간을 더 알차게 보낼 수 있어서 좋다. 이 모든 걸 혼자 해야 했다면 마음의 여유도, 아이들을 하나하나 봐줄 여력도 없었을 것이다.

저녁식사부터 잠이 들 때까지 온 가족이 모든 것을 함께한다. 가족이 무엇인지, 행복이 무엇인지를 순간순간 느끼게 만들어주는 시간이다. 그리고 그 시간이 하루 중에서 가장 소중하고 가치 있는 시간이 되었다. 이 모든 게 아빠가 육아를 시작하면서 생긴 변화다.

가끔 아내와 아이들 없이 나 혼자 집에서 잘 경우가 있다. 그럴 때면 자유로워서 좋을 것 같지만, 막상 혼자 자려고 누우면 어떤 때는 무섭기까지 하다. 시끌벅적하게 소리가 나던 집에서 아무도 없이 혼자 잠을 청하면 적막하게 느껴지기도 하고 외롭다는 생각이 문득 든다. 아침에 일어나도 뭔가 기분이 싸하고 마음이 허하다. 그때야 비로소 가족과 함께 사는 게 얼마나 사람에게 심리적 안정과 만족을 주는지를 알게 된다.

아이 문제도 마찬가지이다. 아이들이 없으면 더 편하고 경제적 부담도 줄어들 것 같지만, 막상 아이 덕분에 인생을 더 열심히 가치 있게 살게 되는 경우도 많다. 영화《범죄와의 전쟁》(윤종빈 감독, 2011)을 보면 한 가정의 아버지로 나오는 최민식이 중요한 일을 앞둘 때마다 곤히 자고 있는 아들의 모습을 말없이 지켜보는 장면이 나온다. 밖에서는 갖은 구박을 받고 생명의 위협도 느끼지만, 그것을 견디게 하는 것은 결국 자식이라는 의미다. 나도 가끔 아이들이 자고 있는 모습을 보면 귀엽기도 하지만 무언가 책임감이 느껴지기도 한다. 그 책임감은 부담감이 아니라 내가 현실에서 안주하거나 포기하지 않게 하는 힘 같은 것이다. 혼자였다면 그냥 포기하고 말았을 상황에서도 아이들의 잠든 모습이나 초롱초롱한 눈망울을 보면 어느새 기운이 난다.

흔히 하나를 잃으면 하나를 얻게 된다고들 한다. 금전적으로 별 걱정이 없을 때에는 전혀 행복하지 않았다. 오히려 더 많은 돈을 벌려고 하다 보니 점점 더 불행해졌다. 그러나 아빠 육아를 시작하면서 경제적으로는 조금 부족해졌지만, 그 대신 무엇과도 바꿀 수 없는 가족의 행복을 얻었다. 덕분에 알게 되었다. 왜 인생을 살아야 하는지, 왜 결혼을 해야 하는지, 왜 가족을 꾸려야 하는지를 말이다. 행복이란 결코 멀리 있는 것이 아니었다. 내 곁에 있는 가족이 나에게 얼마나 큰 존재이며, 그들이 있음으로 해서 내가 얼마나 행복해질 수 있는지, 함께하는 시간이 얼마나 소중한지를 나는 깨달았다.

잃어버린 나를 다시 찾을 수 있다

나에게 있어서 '육아'란?

"잃어버린 '나'라는 존재를 다시금 찾게 만들어준 소중한 기회."라고 말하고 싶다.

결혼 전에는 오로지 '나'라는 존재만이 있었다. 세상은 나를 중심으로 돌아가고 있었고 나 아닌 다른 사람들에 대한 배려나 관심은 그다음이었다. 그런데 '나'라는 존재는 결혼과 동시에 점점 희미해져갔다. '나'보다는 '누구의 남편', '누구의 아빠'라는 이름으로 더 많이 불렸고, 나조차도 내가 아닌 아내와 아이들을 먼저 생각하게 되었다.

존재의 상실이라는 슬픔을 느낄 사이도 없이 나는 브레이크 없는 기관차처럼 그동안 앞만 보고 달려왔다. 이 치열한 사회에서 살아남기 위해서, 그리고 '좋은 남편, 좋은 아빠'가 되기 위해서. 그렇게 어느 순간, 어느 공간에서도 '나'라는 존재를 찾을 수가 없게 되었다. 그렇게 '나'는 잊혀져갔다.

혜민 스님의 『멈추면, 비로소 보이는 것들』(수오서재, 2017)을 보면 이런 구절이 나온다. "항상 급하게 어디론가 가다 보면 진정 중요한 것을 놓칠 수 있어요. 잠시 마음을 현재에 두고 쉬다 보면 내 안팎의 모습이 드러나니, 우리 함께 조용히 그렇게 바라보아요." 그 한마디에 나는 잡고 있던 집착과 미련의 끈을 내려놓았다. 신기하게도 달리던 기관차를 멈춰 세우니 새로운 세상이 나타났다. 그리고 비로소 잊혔던 내가 보이기 시작했다.

육아를 하면 혼자 있는 시간이 많아진다. 그런 시간들을 자주 가지다 보면 자연스레 '나'에게 집중하게 된다. 한순간에 전혀 다른 환경에 던져진 나를 되돌아보게 된다. 그렇게 '나는 누구인가, 어떻게 살아야 하는가?'라는 질문을 던지면서 '나'라는 존재를 조금 더 알게 되고 무엇이 진정한 행복인지도 스스로 정의하게 되었다.

어느새 중년이 된 나를 되돌아보니 지난 삶은 즐거움보다는 후회와 아쉬움이 더 크게 자리하고 있었다. 특별히 무엇이 부족했기 때문은 아니었다. 다만 나는 지금까지의 그 소중한 시간들을 아무런 의미도 없이 낭비해버린 것이 후회스러웠다. 그동안 살면서 딱히 인생을 제대로 즐긴 적도 없었고 하고 싶은 것도 마음껏 누리지 못했다는 생각이 들었다. 최근 십 년만 되돌아봐도 정말 눈 깜짝할 사이에 시간이 지나간 것 같았다. 이런 사이클이 몇 번만 반복이 되면 '어느새 나도 죽음에 이르게 되겠지.'라는 생각이 들면서 갑자기 내 인생이 너무도 아깝게 느껴졌다.

잃어버린 나를 되찾고 싶었다. 온전히 내가 주체가 될 수 있는 삶을 살고 싶었다. 남들이 정해놓은 행복과 성공의 정의를 받아들이는 것이 아니라 내가 그 행복과 성공의 의미를 다시 정의하고 싶었다. 남은 인생을 살면서 어쩌면 다시 오지 않을 기회라고 생각하니 하루하루가 소중하게 느껴졌다. 그래서 육아와 살림 이후에 남는 시간들을 최대한 내가 원하는 곳에 쓰기 시작했다. 다시는 후회하는 삶을 살지 않겠다는 자세로 말이다.

출퇴근하던 시절, 생뚱맞지만 한번쯤 해보고 싶은 것들이 있었다. 예를 들면 '남들이 출근하는 시간에 혼자서 조조 영화 보기' '날씨 좋은 날, 동네 공원에 나가 광합성하며 하루 종일 책 읽기' '문득 멀리 있는 지인을 연락 없이 찾아가서 만나고 오기' '아침에 훌쩍 바다 보러 떠나기' 등등. 아주 사소하지만, 회사에 매여 있으니 할 수 없는 것들이었다.

시간이 날 때마다 하나씩 시도해보았다. 그러자 그때마다 뭔가 남들과는 다른 자유인이 된 것 같았다. '내가 이런 자유로움을 살면서 누려본 적이 있었던가?'라는 생각이 들었다. 그동안 회사라는 틀, 한 집안의 가장이라는 틀 안에서 살면서 나만의 사사로운 욕구들을 억누르고 살았는데 그것들을 하나씩 해방시키자 나도 모르게 실룩실룩 웃음이 났다. 그동안 어떻게 인생을 산 것인지 한심하다는 생각이 들었다. '나는 과연 무엇을 위해 그렇게 살았던가?'

조용한 공간에서 눈을 감고 내가 지금 하고 싶은 게 무엇인지를 떠올려보자. 그러면 하나둘씩 본인도 미처 생각하지 못했던 일들이 떠오를 것이다. 그런 것들을 하나씩 시도해보다 보면 나에 대해서 좀 더 알게 된다. 갑자기 일본어를 배우고 싶다거나, 연극을 보고 싶다거나 하는 마음이 들면 그냥 시도해보면 된다. 모두 내면의 소리를 듣는 과정이다.

혼자 여행을 떠나는 것도 빠르고 효과적으로 나를 알게 되는 좋은 방법이다. 나는 이런 시간과 기회가 주어졌을 때 최대한 즐겨야 한다는 생각으로 아내의 양해를 구하여 주기적으로 떠나고는 했다. 당일치기뿐만 아니라 며칠씩 단기 여행도 떠났고, 국내뿐만 아니라 해외도 다녔다. 처음 혼자 떠난 여행에서는 다음 날 아침 일어나 아내에게 무작정 편지를 썼다. 오랜 시간 동안 곁에 있어서 소중함을 잊고 지냈는데, 혼자가 되니 아내에 대한 애틋함이 되살아났다. 누가 시킨 것도 아닌데 난생처음으로 아내에게 손편지를 쓰며 당신이 얼마나 나에게 고맙고 소중한 사람인지를 구구절절 눈물을 닦아가며 써내려갔다. 그런 감정은 결혼 이후 처음이었던 것 같다. 그리고 혼자만의 여행은 나에게 많은 영감을 주었다. 현실과의 단절로 좀 더 나에게 집중할 수 있었고, 색다른 경험을 통해서 깨달음을 얻을 수도 있었다.

명상도 나를 찾아가는 좋은 방법이다. 미국 하버드대의 명강의 《행복》으로 유명한 탈 벤 샤하르 교수는 "명상은 뇌의 사고를 바꿔 놓음으로써 우리가 진정한 자아를 찾고 긍정적인 감정을 느낄 수 있게 도와준다."고 말한다. 새벽에 일어나 조용히 명상과 호흡을 하면서 온전히 나에게 집중하는 시간을 통해 나 또한 긍정적인 변화를 경험했다. 지금의 자신을 좀 더 객관적으로 바라볼 수 있었고 나의 지난날을 다시 한번 돌아볼 수 있었다.

그렇게 '나'를 다시 찾아가는 과정들을 하나씩 거치다 보니 자연히 삶에 대한 만족감이나 자존감이 높아졌다. 무리에서의 이탈이 반드시 소외감이나 불안감을 만드는 것은 아니었다. 오히려 나에게 더 집중할 수 있었고 남들에게 이끌려가지 않는 용기도 생겼다. 아버지의 이른 죽음이 어린 나에게 세상에 대한 지혜를 가르쳤다면 육아는 나에게 인생의 두 번째 기회를 준 셈이었다. 세상을 좀 더 여유 있게 바라보고 더 가치 있는 곳에 삶을 집중할 수 있는 기회 말이다.

우리는 정해진 울타리를 벗어나면 마치 인생이 끝날 것처럼 두려워한다. 그래서 성공이라는 길 위를 벗어나지 않기 위해 치열하게 살아간다. 그 길로만 가다 보면 성공과 행복이 주어질 것이라는 믿음으로 말이다. 나 또한 그래왔고 그게 당연하다고 생각했다. 하지만 그 길을 벗어난 나는 깨달았다. 알려진 길 외에도 걸어갈 수 있는 길들이 수없이 많다는 사실을 말이다. 오직 그 길만이 정답은 아니라는 것도. 어쩌면 그 길은 항상 나보다 앞선 누군가를 목표로 삼아야 하는, 인생을 가장 불행하게 만드는 길일지도 모른다는 것도.

육아를 한다고 마냥 행복해지는 것은 아니다. 그러나 그동안 정신없이 달려온 인생을 잠시 멈추고 자기 성찰의 기회를 가지는 것만으로도 큰 의의가 있다. 삶의 방향을 잘못 설정한 채 살아가다가 죽음에 이르러서야 후회하는 사람들이 너무나 많다. 육아의 시간을 인생의 중간지점에서 하프타임을 가졌다고 생각하자. 잃어버린 자신을 되찾아보고 인생의 방향을 다시 설정할 수 있는 좋은 기회다. 너무 늦기 전에 이런 기회를 가질 수 있다는 것은 어쩌면 행운일지도 모른다.

아빠의 버킷리스트

퇴사와 동시에 나는 내 인생의 1막이 끝났다고 생각한다. 육아를 하기 전과 후의 삶을 비교해보면 마치 하나의 인생을 마무리하고 새로운 인생을 다시 사는 기분이 든다. 그래서일까? 한번 나만의 '버킷리스트'를 만들어서 도전해보고 싶다는 생각이 들었다. 아직 죽을 때가 된 것도 아니고 그렇다고 한평생 열심히 일하고 은퇴한 것도 아니지만, 지금 이 기회에 해보지 않으면 나중에 후회할 것 같았다.

'내가 만약 얼마 뒤에 죽는다면?'이라는 가정하에 하나씩 리스트를 작성하고 시도하기 시작했다. 그렇게 버킷리스트를 하나씩, 하나씩 달성해 나가면서 점점 업그레이드되어 가는 '나'를 느낄 수 있었다. 부족했던 부분을 채워가고, 하고 싶었던 것들을 경험해보고, 모르던 것을 하나씩 배워가면서 점점 완벽한 인간이 되어가는 느낌.

'음치 탈출'은 나만의 오래된 숙원 사업이었다. 어릴 때부터 노래가 취미였지만, 타고난 음치인지라 노래는 언제나 가깝고도 먼 그대였다. 나름 피나게 연습했던 곡이라도 남들에게는 그냥 듣는 게 고역이었다. 큰 기대는 없었지만, 그래도 살면서 한 번쯤은 전문 트레이너의 레슨을 받아보고 싶었다. 남은 인생에서 싫으나 좋으나 다른 사람들과 노래방을 가야 할 기회가 있을 텐데, 그때 남들에게 피해는 주지 말자라는 생각에서였다.

얼마나 타고난 음치였는지 트레이닝을 시작하고서 석 달이 지나도록 목청만 커졌을 뿐 별로 달라진 게 없었다. 혹시나 해서 지인들이랑 노래방을 갔다가 "그 돈이면 그냥 술이나 사 먹어라."라는 말까지 들었다. 그래도 이미 시작한 일이니 최소한 평균적인 수준은 만들어야겠다는 생각으로 꾸준히 배워나갔다. 아주 미세한 발전이었지만 매번 레슨을 받을 때마다 실력이 붙는 느낌이 들었다. 배운 지 8개월 정도 되니 그제야 어느 정도 발성이나 호흡에 자신감이 붙기 시작했다.

레슨을 마친 이후로는 집에다 마이크를 사다 놓고 스트레스도 풀 겸 노래 연습을 계속 해오고 있다. 그동안 배운 기본적인 연습법만으로도 혼자 실력을 쌓기에 충분했다. 이제는 내가 들어보아도 그리 나쁜 수준이 아니다. 나의 가장 큰 안티였던 아내마저도 '어디 가서 욕먹을 정도는 아니다.'라고 말한다. 절대 고칠 수 없다고 생각했던 음치가 치료된 것이다.

남자라면 누구나 한번쯤은 배워보고 싶어 하는 복싱에도 도전해보았다. 젊을 때의 열정이 사라졌던 나에게 복싱은 어쩐지 그때의 열정을 다시 찾아줄 것만 같았다. 퇴사를 하고 사회라는 야생으로 나온 마당에 좀 더 생존의 긴장감을 느끼고도 싶었다. 매일 두 시간 가까이 운동을 하면서 사람이 땀을 그렇게 많이 쏟을 수 있는지를 처음 알았다. 하루 30분 넘게 줄넘기를 하고 숨이 턱턱 막히는 복싱 연습을 한 시간 가까이 하고나니 죽었던 눈빛이 다시 살아나는 기분이 들었다. 비처럼 쏟아지는 땀은 나태했던 지난날의 나를 씻어주는 듯했다.

최종 목표는 링 위에 올라가서 상대방과 대결하는 '스파링'이었다. 영화나 드라마에서 나오는 치열한 스파링 장면은 보는 사람들의 가슴을 뛰게 만든다. 나 또한 그런 장면을 만들어내고 싶었다. 피나는 연습 끝에 드디어 링 위에 올랐다. 그런데 링 밑에서 연습할 때랑은 천지 차이였다. 상대방이 다가올 때마다 공포감이 숨을 죄어왔다. 몇 번의 펀치를 맞다 보면 그 공포감은 더욱 커진다. 나보다 10~20년 이상 어린 친구들이 대부분이어서 일방적으로 맞는 경우가 많았지만, '살아 있다'는 긴장감을 만끽할 수 있었던 좋은 경험이었다.

가장 뜻깊었던 것은 어머니와 단둘이 떠난 여행이었다. 그다지 살가운 아들이 아니었음에도 이제야 철이 들었는지, 한번 어머니와 여행을 해보고 싶었다. 목적지는 일본이었다. 어머니를 모시고 가는 여행이었지만 패키지여행과는 다른 생생한 여행 경험을 맛보여드리고 싶었다. 마치 배낭여행 온 젊은이들처럼 대중교통을 이용하고 맛집을 찾아 돌아다녔다. 길을 못 찾아서 한참을 헤매기도 하고 한여름이라 푹푹 찌는 날씨에도 몇 시간씩 걸어 다니기도 했다. 어머니는 하루 종일 걸어 다니시느라 힘드셨겠지만 한편으로 아이처럼 좋아하시는 모습을 보니 '이게 효도구나.'라는 생각이 절로 들었다. 저녁에는 맥주도 한 잔씩 마시면서 마음속 진솔한 이야기도 나누었다. 육아하는 나를 걱정하시는 부분에 대해서도 나의 생각과 계획을 잘 말씀드렸다.

어머니와 함께한 그 3박 4일은 지금까지 살면서 나에게 가장 보람찬 기억 중 하나다. 여태 가장 오랫동안 어머니와 함께 대화를 나눈 시간으로, 여행의 추억을 남겼을 뿐만 아니라 서로를 더 잘 이해할 수 있는 기회가 되었다. 부모님이 정말 원하는 자식의 모습은 이런 게 아닐까. 애지중지 키워서 유학까지 보냈더니 출세해서 이민을 가버린 아들보다는 집 근처에 살면서 자주 얼굴도 뵙고 이것저것 챙겨주는 아들이 더 효자라는 말처럼 말이다.

지금도 가끔씩 어머니를 모시고 가족 여행을 가기도 하지만 단둘이 떠난 여행은 그때가 마지막이었다. 최근에는 무릎 수술까지 하시게 되어 거동이 예전만큼 자연스럽지 못하신 어머니를 보면 그날의 여행이 더욱 소중하게 다가온다. 나이가 더 드셔서 작별의 시간이 오더라도 그때의 추억만으로도 후회할 일이 한 가지는 줄었다고 생각하니 조금은 안심이 된다.

버킷리스트란 어려운 것이 아니었다. 막상 리스트를 만들고 시도해보니 비용이 많이 드는 것도 아니었고 현실에서는 절대 불가능한 것도 아니었다. 다만 예전에는 시간이나 현실적인 제약을 핑계로 시도조차 하지 않았을 뿐이었다.

나의 버킷리스트는 지금도 진행형이다. 달성된 것들은 지우고 새해가 되면 또 다른 리스트를 채워 넣는 식으로 매년 실행해오고 있다. 이제는 예상보다 육아 기간이 장기화되면서 점점 새로운 버킷리스트를 만드는 게 힘들어지는 행복한 고민을 하고 있다.

아직 나에게는 살아가야 할 날들이 많이 남아 있겠지만, 요즘은 가끔씩 '이제 죽어도 크게 후회할 일은 없다.'는 생각을 하고는 한다. 그만큼 지난 시간 동안 하고 싶은 것, 해야 할 일들을 나름 후회 없이 해왔기 때문이다. 버킷리스트는 인생에서 진정으로 중요한 것들에 집중하게 만들고 후회가 남지 않는 삶을 살게 해준다. 그리고 그 후회 없는 인생을 살 수 있는 새로운 기회를 바로 육아의 시간이 가져다주었다.

5

아이의 교육, 부모의 미래

아빠는 아빠의 방식이 있다

육아에 관해서는 이제 많은 부분에서 아내와 공감을 이루고 있지만, 몇 가지는 아직까지 내가 받아들이지 못하는 부분이 있다. 그중 하나는 바로 아이들의 식사다. 우리 집뿐만 아니라 다른 집의 경우를 보더라도 엄마들은 대부분 아이들이 한 끼 식사를 꽉꽉 채워서 먹지 않으면 큰일 날 것처럼 행동한다. 아이를 키우다 보면 바빠서 한 끼를 거를 때도 있고 아이들이 조금 배고플 수도 있는데 그걸 못 참아 한다. 아빠인 나의 기준으로는 도무지 이해할 수 없는 부분이다. 내가 보기에 요즘 아이들은 충분히 영양 과다이고 소아 비만인 경우도 과거보다 훨씬 많은데, 굳이 그렇게까지 서로 스트레스를 받아가면서 밥에 집착할 필요가 있을까라는 생각이 든다. 아내는 항상 내가 아이들 밥 먹이는 것에 적극적이지 않다고 잔소리를 하지만, 우리 아이들은 영양학적으로 전혀 문제 없이 잘만 크고 있다.

양치질도 그렇다. 엄마들은 아이들이 하루라도 양치질을 하지 않으면 정말 하늘이 무너질 것처럼 초조해한다. 아내 역시 아이들이 잠에 들었더라도 억지로 깨워서 양치질만은 반드시 시키고 재운다. 아내가 그러니 나도 따라 하긴 하지만, 유아기 때 아이들의 이가 썩는 것은 당연한 일 아닌가. 요즘 아이들이 먹는 간식이나 음식에 얼마나 많은 당분들이 포함되어 있는지를 떠올려본다면 하루 세 번의 양치만으로 입속의 세균들을 모두 사라지게 만든다는 것은 불가능하다는 것을 짐작할 수 있다. 실제로 아내가 그렇게 신경 쓰고 챙겨서 열심히 이를 닦였건만 우리 집 두 아이는 모두 이가 썩고 말았다. 주위의 경우를 봐도 대부분 마찬가지다.

아빠와 엄마는 다르다. 아빠는 다소 성기고 거친 생활에 익숙하다. 아빠들 대부분이 어렸을 때 사고도 많이 치고 위험한 장난을 하다가 다치기도 하면서 커왔던 경험이 있을 것이다. 나 또한 내 몸 곳곳에 놀다가 다친 영광의 상처들이 새겨져 있다. 하지만 그런 기억들이 모두 실패의 기억은 아니다. 그 안에서 배운 것도 있고 그로 인해서 더욱 성장하는 계기가 된 경험들도 많다. 때문에 남자들은 아이들이 실수하고 넘어지고 다쳐도 상대적으로 의연하다. 엄마들은 그런 아빠들을 보고 "천하

태평이네!" "그렇게 아이들을 키우면 안 된다."고 하겠지만, 아빠들은 그래도 된다는 생각이 있다. 이미 경험적으로 크게 대세에는 지장이 없다는 걸 알기 때문이다. 그러니 아빠의 육아 방식은 엄마와 다를 수밖에 없다.

다년간의 경험으로 만들어진 나만의 육아 철학은 "아이의 가능성을 믿고 최대한 방목하자."다. 아이들은 부모가 간섭을 하지 않고 기회를 주면 스스로 할 수 있는 능력이 있다. 엄마가 다 해주던 버릇이 남아 있어서 그렇지 아이들은 기회를 주면 서툴지만 스스로 하게 된다. 집에서는 아무리 가르쳐도 실패했던 배변 훈련도 어린이집에 보냈더니 며칠 만에 알아서 터득했고, 외출할 때 옷을 한번 골라서 입어보라고 하니 곧잘 찾아서 차려입는다. 불안하고 어설퍼 보여도, 아이들은 울타리를 좁히기보다는 오히려 조금씩 넓혀주면 알아서 한다.

7개 국어를 구사하는 조승연 씨의 어머니인 이정숙 씨는 두 아들을 세계적인 인재로 키워내 세간에 많은 주목을 받았다. 그녀는 비법을 묻는 사람들에게 "나는 두 아들에게 반드시 지켜야 할 가이드라인만을 지키도록 하고 모든 선택권을 넘겨준 후 웬만하면 개입하지 않는 의도적 방치를 했어요."라고 말한다. 다섯 살 된 아들을 수영장에 보내면서 한 번도 따라 들어가 도와준 적이 없었는데, 오히려 다른 엄마들이 "어떻게 애를 혼자 보내느냐."라며 따져 물었을 정도였다. 그녀는 "아이들이 할 수 없는 게 아니라, 할 수 있는데도 엄마가 도와주기 때문에 안 하는 거예요. 엄마도 하나의 인격체라는 것을, 엄마에게도 엄마의 생활이 있고, 엄마의 시간도 소중하다는 것을 인식시켜야 스스로 할 수 있는 아이로 자라게 되는 거예요."라고 말한다. 엄마들처럼 세세하게 챙기지 못하는 아빠들에게는 정말 용기와 희망을 주는 말이다.

육아를 대하는 나의 생각 중 다른 하나는 "항상 아이들을 즐겁게 해주자."라는 것이다. 아이들 입장에서 한번 더 생각해 보려 하고 아이들이 최대한 스트레스 받지 않게 하는 것을 가장 우선순위에 둔다. 물론 나도 인간인지라 가끔은 폭발하고 혼도 내지만 마음속으로는 항상 그 원칙이 우선이다. 초등학교 정규 수업만으로도 충분히 힘들고 지친 아이에게 오자마자 "자, 이제 숙제 해야지."라는 말은 차마 꺼내기가 어렵다. 초롱초롱한 눈망울로 "아빠, TV 좀 보면 안 돼?"라고 애원하는 아이에게 해야 할 일이 있더라도 일단 놀게 한다.

그렇다고 마냥 오냐오냐하는 아빠는 아니다. 아이들의 주 양육자이기 때문에 아빠가 물러터지면 통제가 안 된다. 최대한 풀어주려고 노력하지만, 정해진 규칙과 한계는 있다. 그것을 넘어서면 훈육과 관리가 들어갈 수밖에 없다. 그래서 아이들과의 관계에 있어서는 밀당이 핵심이다. 마냥 아이들에게 져줄 때도 있지만, 이겨야 할 때는 확실히 이겨야 한다. 그래야 육아의 기틀도 잡히고 아이들 또한 예의 바르게 자란다.

아이를 키운다는 것은 정말로 어려운 일이다. 육아를 '도를 닦는 과정'이라고 말하는 엄마들도 있지 않은가. 정말이지 도인이나 성인聖人이 되어야 완벽한 육아가 가능할 듯싶다. 성인까지는 아니더라도, 아이를 더 잘 키우기 위해서는 아빠 스스로도 공부와 자기 수련이 필요하다. 본인 스스로 마인드 컨트롤이나 자기 관리가 안 되는데 어린 아이들의 서툰 행동과 말에 지적질을 한다고 통하겠는가. 아이는 부모의 행동을 보고 자란다. 정말로 모범적인 말을 하기 위해서는 본인 스스로 먼저 모범적인 행동을 해야 하지 않을까.

그러기 위해서는 주기적으로 육아서를 읽어보는 것을 추천한다. 반드시 그 책을 통해서 해답을 찾기보다는 모범적인 사례와 지침들을 읽으면서 흐트러져 있던 자신의 육아 태도를 반성하는 시간을 갖는 것으로도 충분하다. 육아서를 쓴 저자들 역시도 실생활에서는 책에서 말한 대로 100% 실행하지는 못할 것이다. 최고 수준의 달성 불가능한 목표를 본다는 생각으로 '아, 이럴 땐 이래야겠구나.'라는 생각이 들 정도면 좋다.

『아이의 마음을 여는 공감대화』(유은정, 푸른육아, 2010)라는 책을 읽고 한동안 공감대화를 시도한 적이 있다. 저자는 부모가 아이에게 명령을 내리듯이 대화를 하지 말고, 아이의 감정을 이해하며 공감하는 대화를 하게 되면 아이의 자존감도 높아지고 자발성과 독립성을 가진 아이로 성장한다고 말한다. 이 책을 읽은 뒤 공감대화를 실제로 아이들에게 적용해보았다.

첫째 딸: 아빠, 나는 동생이 없었으면 좋겠어.

아빠: 동생이 없었으면 좋겠어? (공감)

첫째 딸: 응, 아빠는 맨날 동생만 이뻐하고 나만 혼내잖아.

아빠: 우리 딸이 아빠가 동생 편만 들어서 속상했구나. (아이의 감정을 공감)

첫째 딸: 내가 잘못하지도 않았는데 둘이 싸우면 나만 혼내잖아.

아빠: 잘못을 안 했는데도 야단맞아서 기분이 안 좋았겠구나. (공감) 아빠가 미안해. 아빠는 이런 우리 딸의 마음을 잘 몰랐네. 앞으로는 우리 딸의 마음을 잘 이해할게. (안아준다.)

공감대화를 하기 전에는 아이가 "아빠, 나는 동생이 없었으면 좋겠어."라고 하면 나는 "쓸데없는 소리 하지 마!"라고 대꾸하고 아이는 토라지고는 했었는데, 일단 아이들의 감정을 이해하고 공감해주는 대화를 시도해보니 아이들의 격양된 감정이 쉽게 풀어지는 것을 경험했다. 분명 이전과는 달라졌음을 느낄 수 있었다. 사람이 배워야 하는 게 바로 이런 이유 아니겠는가. 깨달음과 반성의 효과가 비록 오래가지는 않더라도 간헐적인 육아서 읽기를 통한 자기반성은 분명 육아에 있어서 비타민 같은 존재가 된다.

물론 굳이 책이 아니더라도 요즘에는 블로그나 미디어에서도 다양한 육아법에 대한 정보를 제공하니 수시로 참고하면서 적용해보면 된다. 예전처럼 엄마의 말만 듣고 따라 할 필요가 없다. 엄마도 어찌 보면 초보를 갓 지났을 뿐이다. 수십 년간의 노하우를 지닌 전문가들의 의견과 조언을 듣고 따라 한다면 아빠도 충분히 엄마를 능가하는 육아의 고수가 될 수 있다.

아빠는 엄마가 될 수 없다. 다시 말해, 아빠가 엄마의 육아 방식을 다 따라 할 수도 없고 따라 할 필요도 없다. 무엇보다도 육아의 방식에는 하나의 정답이 없다. 세상 모든 아이들의 성격과 주변 환경이 제각각 다르기 때문에 천편일률적인 방법은 공염불에 불과하다. 그냥 본인에 맞게, 우리 아이에 맞게 주관을 가지고 자신만의 방식으로 해나가면 된다.

아빠 육아에 자신감을 가지자. 엄마와는 다른 아빠만의 육아도 그 속에는 엄마로는 대체 불가능한 장점들이 무수히 많다. 아빠의 육아 참여가 아이에게 긍정적인 영향을 미친다는 연구 결과는 셀 수도 없다. 이미 아빠와 더 많은 시간을 보내는 것만으로도 아이들은 충분하다. 아빠와 같이 노는 시간, 대화하는 시간, 함께 있는 시간만으로도 아이들은 상상할 수도 없는 성장의 자극을 받게 된다.

나 또한 육아를 하면서 아이들이 예전에 비해 얼마나 정서적으로도 안정이 되고 긍정적이면서 적극적으로 바뀌었는지를 몸소 느낄 수 있었다. 엄마와 아빠가 같이 보내는 시간이 많아질수록 아이들이 한쪽에 치우지지 않고 균형적으로 잘 자랄 수 있는 건 당연한 결과다. 그러니 어설프고 서툰 아빠 육아지만 용기와 희망을 내자. 아이들은 이미 아빠와 같이 있는 것만으로도 달라지고 있으니까 말이다.

아이의 '다름'을 찾아내는 게 첫걸음

아이의 지문을 분석해서 적성과 진로까지 알려준다는 '지문 적성검사'가 최근 학부모들 사이에 유행이라고 한다. 열 손가락의 지문을 스캐너에 인식하면 결과보고서를 받아볼 수 있을 뿐만 아니라 상담사가 아이의 성향이나 적성에 대한 상담을 해준다고도 한다. 태아 때 형성되는 지문은 평생 변하지 않기 때문에 타고난 재능을 파악하는 데 높은 연관성을 보여준다는 게 업체의 설명이다. 서울 강남이나 목동에는 자녀가 진학할 학교나 학과를 추천해주고 개별 공부법까지 처방해주는 업체들도 있다고 한다.

지문 검사에 대한 과학적인 검증이나 신뢰의 문제를 일단 차치하고 보면, 이러한 현상에서 이제까지와는 달라진 자녀 교육의 트렌드를 확인할 수 있다. 더 이상 아이들이 공부를 잘하면

판·검사나 의사를 시키고, 공부 쪽이 아니라면 예체능을 생각해보던 시대가 아니다. 기술이 발달하고 사회가 진보하면서 기존에 없던 새로운 직업들이 수없이 생겨나기도 하고, 과거에 촉망받던 직업들이 한순간에 사라지는 일도 빈번하게 일어난다. 타고난 재능으로 각 분야에서 특출한 성과를 내는 어린아이들이 부각되면서 아이의 재능을 살리는 교육을 준비하려는 부모들이 많아지고 있다.

아이의 진로를 추천하는 방식이야 다양하겠지만, 무엇보다 중요한 것은 아이의 적성을 먼저 파악하는 것이다. 아이들은 태어날 때부터 남들과는 절대로 똑같을 수 없는 자신만의 재능과 성향을 지니고 있기 때문이다. 이런 성향을 무시한 채 기성세대의 사고방식으로 아이들에게 정형화된 꿈을 주입하려는 부모의 일방적인 강요는 시간이 지날수록 서로 간에 갈등과 상처를 만들게 된다.

두 딸을 각각 세 살, 다섯 살 때부터 전업으로 키우기 시작하면서 이런 생각이 더욱 확고해졌다. 오랫동안 아이들을 관찰하고 경험해보니 아이들만의 타고난 성격이 확연하게 구분되었다. 한날한시에 태어난 쌍둥이라 할지라도 성격이나 적성은 조금씩 다른 것처럼, 같은 배에서 나왔는지 의심이 들 정도로 우리 아이들의 성향은 너무나 달랐다.

첫째 아이는 성격이 차분하고 상대방에 대한 배려심이 깊다. 학습적으로 언어적인 능력이나 암기력은 조금 부족하지만, 생각이 창의적이고 손재주가 뛰어난 편이다. 장난감이 없어도 집에 있는 재료만으로 스스로 장난감을 만들어 노는 모습을 보고 감탄하고는 했다. 신체 발달도 또래에 비해 빠르고 두발자전거를 두 시간 만에 터득한 것으로 보아 운동신경도 뛰어나다. 둘째 아이는 상대적으로 언어나 소리에 대한 감각이 뛰어나서 가끔 우리를 깜짝 놀라게 했다. 한 번 들은 노래를 가사나 음정을 틀리지 않고 유창하게 따라 부르고, 영어를 따로 가르치지 않았음에도 발음이 원어민처럼 자연스럽다. 타고난 발성과 목청도 좋아서 옆에서 말하면 귀가 아플 정도다. 대신 몸을 움직이는 활동은 극히 싫어하고 체력도 약한 편이다.

두 딸의 차이는 단순히 나이에서 오는 다름이 아니었다. 근본적으로 다른 성향은 시간이 지나면서 더욱 확실한 차이를 보였다. 마치 같은 곳에서 출발했지만, 전혀 다른 목표로 향하는 두 개의 직선처럼 말이다.

이런 다름의 차이를 이해하고 거기에 맞게 교육을 시켰어야 했는데 초기의 나는 그냥 의욕만 넘쳤다. 아이들 교육도 내 손으로, 나만의 방법으로 잘 해낼 수 있다는 자신에 차 있었다. 열심히만 시키면 두 딸 모두 영재가 될 수 있다는 상상에 빠져 있었던 것이다. 그래서 유명하다는 유아교육 고수들이나 영재를 아이로 둔 부모들의 노하우를 공부하고, 책도 많이 읽어주고, 지능을 발달시키기 위해서 집에서 여러 가지 놀이학습도 따라 해보았다. 영어 노출을 늘리는 게 중요하다고 해서 방과 후에는 영어 DVD만 틀어주었더니 어느 순간 아이들이 영어로 노래를 따라 부르는 모습에 감동을 받기도 했다. 하지만 그때뿐이었다. 앞서의 과정을 지속했지만 다른 영재들처럼 특출한 결과를 만들어내지는 못했다.

아이들에게 한글을 빨리 깨우쳐 초등학교 입학 전까지 많은 책을 읽게 만들고 싶은 욕심도 있었다. 첫째 아이는 다섯 살 때부터 가정 방문하는 한글 학습지를 하고 있었지만, 진도가 잘 나가지 않아서 여섯 살 때부터는 내가 직접 한글 교습책을 사서 가르치기 시작했다. 하지만 나의 의욕과는 무관하게 아이의 학습 속도는 아주 더뎠다. 방금 알려준 것도 돌아서자마자 까먹는 아이의 반응을 이해할 수가 없었다. 나를 일부러 놀리는 게 아닌가 하는 생각도 들었다. 성인의 뇌로 어린아이의 뇌를 이해한다는 것은 처음부터 모순이라는 사실을 그때는 몰랐다.

서로가 힘든 시간이었지만, 공부는 결국 반복이라는 믿음으로 한 달 정도를 어렵사리 끌고 나갔다. 그 결과 첫째는 한글 실력이 늘기는커녕 한글 공부에 대한 강렬한 거부반응만 가지게 되었다. 놀다가도 내가 "이제 한글공부 하자."라고만 하면 그 때부터 아주 신경질적인 반응을 보이는 것이었다. 버티면 된다고 생각했던 나의 노력은 결국 거기에서 중단되었다. 더 계속하다가는 공부에 대한 흥미를 잃을 뿐만 아니라 아이와의 관계도 나빠질 것 같았기 때문이다.

이 일로 깨달은 것은, 남들보다 뛰어나거나 영재가 된 아이들은 처음부터 다른 아이들보다 그런 재능이 발달했기 때문이라는 것이었다. 두 돌이 지나 두 달 만에 한글을 깨우친 아이는 그냥 언어 방면에 천재인 아이다. 어릴 때부터 남다른 재능을 보이니까 부모가 신기해서 이것저것 시키다 보니 그렇게 된 것이지, 부모만의 특별한 학습법으로 영재가 된 것은 아니라는 것이다. 같은 방법을 쓴다고 모든 아이들이 영재가 되지 않는 이유다. 오히려 타고난 영재를 부모가 과도하게 공부시켜서 실패한 경우도 많다. 가수 이적을 포함해 삼형제 모두를 서울대학교에 보낸 어머니 박혜란 씨의 노하우는 정작 아이들에게 아무것도 시키지 않았기 때문이라는 이야기도 있지 않은가.

자녀교육 전문가인 연세대학교 신의진 교수가 쓴 『현명한 부모는 아이를 느리게 키운다』(걷는나무, 2010)를 보면 '느림보 학습법'이라는 말이 나온다. 느림보 학습법이란 아이의 뇌 발달 과정에 맞춘 학습법이다. 저자는 아이의 뇌가 성장을 계속하는 사춘기까지 조급하게 서두르지 않고 기다릴 것을 강조한다. 자식을 같은 나이의 옆집 아이와 비교하거나, 공부시킨 시간에 비례하는 결과를 요구하는 식의 태도는 아이를 망치는 지름길이라고 말이다.

'누구는 벌써 일기를 스스로 쓴다더라, 한자 몇 급을 통과했다더라.'라는 말을 들으면 '다시 시작해볼까.' 하는 조바심이 나기도 했다. 하지만 그때마다 내가 내린 결론은 '아이들은 저마다 다른 발달 속도를 가지고 있으니 믿고 기다려보자.'였다. 아이들은 아직 신체적, 정신적으로 한창 커가는 단계이기 때문에 같은 교육을 시켜도 아이들마다 받아들이는 정도에 차이가 날 수 있다. 어릴 때부터 남들보다 운동신경이 뛰어난 아이도 있고, 언어 발달이 유난히 빠른 아이도 있다. 그런 차이를 무시하고 남들보다 뒤처진다고 아이를 다그치는 것은 결국 부모의 욕심이라는 생각이 들었다. 아직 어려서 그렇지 어느 정도 크면 결국에는 다 비슷한 수준에 올라 있을 거라는 믿음을 가지고 기다렸다. 그리고 더 이상 어린아이에게 공부로 스트레스를 주어서는 안 되겠다고 생각해 첫째는 일곱 살 때부터 책 읽어주는 것만 빼고는 모든 학습을 중단시켰다. 유치원도 한글이나 수학 등 일체의 학습 없이 하루 종일 숲에서 자연 체험만 하다가 오는 '숲 학교'로 바꾸었다. 워낙 앉아 있는 것보다 뛰어노는 것을 좋아하는 아이였기에 남은 1년이라도 숲에서 마음껏 뛰어놀게 하자는 취지였다. 어차피 공부는 초등학교에 들어가면 하기 싫어도 해야 하니, 이때만이라도 놀 수 있는 기회를 주고 싶었다.

일반 유치원은 그렇게 가기 싫어했던 아이가 '숲 학교'는 어찌나 재미있어하는지 1년 동안 한 번도 가기 싫다고 한 적이 없었다. 날씨가 추우나 더우나 하루 종일 숲에서 보내야 하니 힘들 만도 했을 텐데, 많이 움직여서 그런지 이전보다 밥도 잘 먹고 더 건강해졌다. 학습을 전혀 시키지 않아서 살짝 불안하기는 했지만, 일단 아이가 즐거워하니 잘 결정했다는 생각이 들었다. 숲에서 배웠다고 우리도 전혀 모르는 꽃이나 식물 이름을 곧잘 알려주는 모습에는 기특하기까지 했다.

그렇게 놀다 보니 결국 한글도 다 떼지 못하고 초등학교에 들어가게 되었다. 다른 아이들은 기본적으로 한글에 한자, 영어까지 배우고 입학을 하는데 말이다. 그런데 학기가 시작한지 얼마 지나지 않아 황당한 사실을 알게 되었다. 1학년 아이들이 한글 받아쓰기 시험을 본다는 사실이었다. 시험 수준도 웬만한 성인들이 쓸 만한 문장이었다. 아내와 나도 정답을 보지 않고서는 띄어쓰기 때문에라도 백 점을 받기 힘든 수준이었다. 교과서에서는 분명 'ㄱ, ㄴ'을 배우고 있지만, 그것과는 별개로 받아쓰기를 본다는 것은 결국 취학 전에 한글을 다 떼고 오라는 의미였다.

처음에는 어려워하고 힘들어하던 아이도 학교라는 분위기 탓인지 스스로 하려는 의지를 보였다. 두 달 정도 지나자, 한글도 다 모르던 아이가 받아쓰기를 자연스럽게 하게 되었다. 미리 하거나 하지 않거나, 할 때가 되니까 결국에는 다른 아이들과 비슷한 레벨에 올라 있었다. 한 학기가 지나 나중에는 자연스럽게 일기까지 쓰는 아이를 보니, 1년만이라도 숲 학교에서 놀게 하기를 잘했다는 생각이 들었다.

둘째 아이 때는 첫째가 겪은 쓰디쓴 경험을 거울삼아 처음부터 사교육을 전혀 시키지 않았다. 그런데도 여섯 살 때부터 알아서 한글을 드문드문 읽고 있다. 유치원에서 배운 것을 그대로 잘 응용하는 편인 데다가, 책을 터치하면 자동으로 읽어주는 펜을 사주었더니 몇 권의 책을 통째로 외워서 나에게 책을 읽어주기도 한다. 게다가 둘째의 영어 발음은 나름 한 영어 한다는 나도 기가 죽는다. 영어라고 해봤자 일주일에 두 시간 정도 유치원에서 배우는 게 전부인데, 전형적인 한국인의 영어 발음인 언니와 비교해보면 확연하게 차이가 난다. 이러니 어찌 타고난 재능을 무시할 수 있겠는가. 언어에 소질이 있는 것 같아서 사실 둘째는 영어 사교육을 좀 시켜볼까도 생각해봤지만,

일단 내버려두기로 했다. 어차피 타고난 재능이 있다면 시키지 않아도 결국 잘할 거라는 믿음이 이제는 생겼다고나 할까.

교육에 있어서 가장 중요한 것은 아이의 '다름'을 찾아내는 것, 그리고 그 재능이 발현될 때를 기다려주는 것이라고 생각한다. 우리 아이가 또래에 비해서 학습이나 발달이 조금 늦다면 거기에 맞춰서 천천히 해나가면 된다. 남들과 비교하면서 아이들에게 스트레스를 주지 말자. 우리 아이를 한번 더 이해하고 아이의 성장에 초점을 맞추어 나가는 게 결국은 지름길이다. '모든 아이는 영재로 태어난다.'는 말도 있지 않은가. 우리 아이만의 특별한 영재성을 찾아내서 길러주고 길을 터주는 게 부모의 역할일 것이다.

다만 아이의 재능을 찾겠다고 정작 본인의 아이에게만 관심을 가지면 '우리 아이는 천재가 아닐까?'라는 착각에 빠지기 쉽다. 일상적인 모습도 좋지만 특히 또래 친구들과 같이 활동할 때를 오랫동안 관찰하다 보면 우리 아이만의 다름이 보이기 시작한다. 엄마가 바라본 아이가 있고 아빠가 바라본 아이도 있기 때문에 부모가 서로 의견을 교환하면서 우리 아이의 다름을 함께 찾아가는 것이 좋다. 전문가를 통해 적성을 파악하는 것도 하나의 방법이 될 수 있겠지만, 결국에는 부모가 세상 누구보다 본인 아이를 가장 잘 알 수 있는 사람이기 때문이다.

내 아이는 상위 1%가 될 거라는 착각을 버리자

살림살이가 점점 더 빡빡해지는 요즘 같은 시대에는 로또 말고는 인생 역전을 기대하기가 쉽지 않다. 그러다 보니 부모는 아직 무한한 가능성의 덩어리인 자식들에게 매달리게 된다. 각계각층에서 얼마나 많은 유소년 스타들이 부모들을 한순간에 최상위 계급으로 수직 이동시켜주고 있는가. 자식을 잘 가르치고 성공시켜 나중에 그 덕을 보고자 하는 것은 부모의 입장에서는 충분히 기대하고픈 일이고 해볼 만한 배팅이다.

그러나 부모는 아이들이 커감에 따라 이상과 현실의 차이를 점점 깨닫게 된다. 아이가 초등학교에 다닐 때는 모두가 'SKY'를 생각하지만, 중학교와 고등학교에 올라갈수록 목표치는 급속도로 낮아진다. 2017학년도 전국 38개 의대 모집정원은 2,483명이었다. 그해 수능 응시인원이 총 605,988명이었으니 수

능점수만 놓고 본다면 상위 0.4% 이내에는 들어야 의사가 될 기회가 생기는 셈이다. 조금 범위를 넓혀서 소위 명문대 인기 학과들까지 포함시킨다고 해도 대략 1% 이내가 되어야 합격이 가능하다. 일단 자기 아이의 동년배 100명을 떠올려보자. 과연 그 아이들을 모두 다 제쳐두고 우리 아이가 마지막까지 1등을 유지할 수 있을까? 이상과 현실은 분명히 다르다.

몇 년 전 고향에 내려가서 오랜만에 고등학교 동창들을 만났다. 이번에 오랜만에 연락이 된 친구들은 소위 학교 다닐 때 '좀 노는' 친구들이었다. 옛 친구들을 오랜만에 만날 생각에 설레기도 했지만, 마음속으로는 조금 망설여지는 부분이 있기도 했다. 그들이 기억하는 나는 학생회장을 하다가 좋은 대학을 간 엘리트 친구였기 때문에 지금의 나를 소개하기가 살짝 부끄러워진 것이다. 하지만 육아를 시작하면서 나는 이미 모든 것을 내려놓지 않았던가. 잘난 체하지 못하는 부끄러움보다는 오랜만에 친구들을 보고 싶은 마음이 더 컸다.

다시 만난 그들은 그야말로 예전 그대로의 모습이었다. 만나자마자 서로 명함을 주고받는 모습도 없었다. 그저 반갑게 "이게 얼마 만이냐."라고 인사를 나눈 우리는 어느새 학창시절의 철없던 그때로 돌아가고 있었다. 시간 가는 줄 모르게 웃고 떠들다 보니 어느새 1차가 끝났다. 헤어지기가 아쉬워 다시 시작된 2차에서는 본격적인 사는 이야기가 시작되었다. 다른 친구들은 그래도 1년에 몇 번씩 모임을 가지고 있었기에 오랜만에 만난 나의 근황을 다들 제일 궁금해했다.

"이래저래 서울에서 대학을 나오고 직장 생활을 하다가 지금은 전업주부를 하고 있다."라는 나의 말에 친구들은 대부분 농담 반 진담 반으로 받아들이는 모양새였다. "그동안 돈 많이 벌어놔서 배우 송일국처럼 송도에서 육아한다."고 말하는 친구도 있었다. 굳이 사실을 밝히지는 않고 그냥 조용히 웃고 넘겼다. 조그마한 여지를 남겨두면 사람들은 상상의 날개를 펼치게 마련이지 않던가. 그 여지를 나의 마지막 자존심으로 남겨두었다.

반대로 내가 그들의 근황을 물어보았다. 학창시절의 시험 등수만으로 본다면 중, 하위권에 있던 친구들이었다. 정말로 꼴등을 경쟁했던 친구도 있었다. 하지만 지금 그들의 모습은 딱 대한민국의 평균적인 가장이었다. 대부분 결혼을 했고 아이도 하나 또는 둘씩 있었다. 직장 생활을 하는 친구도 있었고 사업을 하는 친구도 있었다. 정말 눈에 띄지 않았던 한 친구는 우연한 기회에 철강 유통사업을 하게 되어서 지금은 주위 친구들 중에서 가장 돈을 잘 번다고 했다. 외제 고급 스포츠카가 몇 대 있다는 말도 있었다. 직장인인 다른 친구들은 중소기업을 다니고 있었지만, 그렇다고 대기업과 월급이 엄청나게 차이가 나는 것도 아니었다.

모임에 나오지 않은 친구들의 소식도 들을 수 있었다. 한 친구는 학교 다닐 때 매일 사고치고 놀기만 하던, 소위 '일진'이었다. 그런데 그 친구의 근황은 놀라웠다. 지방대 야간을 다니면서 세무사 자격시험을 준비하여 지금은 직장에서도 인정받고 잘 살고 있다는 것이었다. 그 친구와 함께 어울렸던 한 친구는 지금 번듯한 공기업 직원이 되었고, 다른 친구는 특기(?)를 살려서 형사가 되었다고 했다.

그런 이야기를 들으니 갑자기 인생무상이라는 단어가 떠올랐다. 학교 다닐 때 공부는 그중에서 내가 제일 잘했는데 지금은 어찌 보면 가장 초라한 모습을 하고 있는 것 같았다. '이게 사회구나.'라는 생각이 들었다. 학교에 다닐 때는 공부가 모든 기준의 척도였지만, 사회에 나오니 그 시절의 차이는 정말 미미하다는 것을 느꼈다.

공부를 에이스급으로 잘했던 친구들의 소식도 가끔 듣는다. 사법고시에 합격해서 변호사가 된 친구들도 있고 의사나 전문직이 된 친구들도 있다. 그런데 그들과 만나서 이야기해보니 사는 것은 그다지 다를 게 없었다. 그들 역시 하루하루 생존을 걱정하고 경제적인 어려움을 호소하고 있었다.

변호사인 한 친구는 업계에서 그나마 잘나가는 편이지만 수임료 경쟁이 치열해져 수입이 예전 같지 않다고 하소연한다. 휴일도 없이 고객들 요청에 시달리고 매일 밤늦게까지 일하는데도 사무실 비용이나 인건비, 세금 등 이것저것 떼고 나면 딱히 금전적인 여유가 없다고 했다.

"나이는 점점 들어가는데 돈은 그다지 벌리지 않고 체력은 떨어지고 건강도 많이 나빠져서 언제까지 이 일을 계속할 수 있을지 모르겠어."

친구의 허심탄회한 말이 요즘 전문직의 현실을 깨닫게 했다. 소위 말하는 전문직들도 과거에 비해 그 위상이 많이 떨어졌다는 것을 실감할 수 있었다. 사회적인 명예나 금전적인 차이는 어느 정도 있겠지만, 그 차이가 예전에 말하는 계급의 차이가 될 정도는 이제 아닌 것 같다.

우리 동네 소아과의 경우만 봐도 병원만 여러 곳이 있지만 잘되는 곳만 사람들이 넘쳐난다. 진료도 잘 보고 친절하고 재미있는 선생님한테 가고 싶은 게 환자들의 당연한 마음 아니겠는가. 의사나 변호사라고 무조건 돈 많이 벌고 철밥통인 시대가 아니다. 그 시장도 이제는 레드오션이라 경쟁에 뒤처지면 폐업하는 경우가 비일비재하다. 공부로는 최고였을지라도, 사회생활은 마냥 그것만 가지고는 마음대로 되는 게 아닌 것이다.

친구들을 만난 이후 나의 교육관에 변화가 생겼다. 10대, 20대까지는 공부가 인생의 전부인 것처럼 보이지만, 사회에 나오면 수많은 가능성과 기회가 존재한다. 그런 기회들은 반드시 성적순으로 쟁취할 수 있는 것은 아니다. 학교 다닐 때는 철이 들지 않다가도 사회에 나와서 자기의 인생을 진지하게 사는 경우도 많다. 대학 동창들의 경우만 봐도 높은 학점이 반드시 좋은 직장과 사회적 성공으로 이어지지는 않았다. 그러니 단순히 학교 성적만 가지고 한 사람의 인생을 판단한다는 것은 얼마나 근시안적인 사고인가.

값비싼 사교육을 시켜도, 부모가 옆에서 아무리 잔소리를 해도 소귀에 경 읽기인 아이들이 있다. 그런 아이들을 붙잡고 씨름하느라 부모는 부모대로 속 터지고 아이는 아이대로 비뚤어진다. 그러나 공부에 관심이 없는 아이를 단지 학생이라는 이유만으로 적성과 꿈을 묵살하면서 스트레스를 주는 게 과연 옳은 방법일까? 초등학교 때까지는 부모의 노력과 재력으로 어느 정도 따라가는 게 가능하겠지만, 중학교 때부터는 결국 본인 스스로 노력하지 않으면 안 된다. 그때 가서 성적이 나오지 않는다고 아이를 탓한다면 그것은 과연 아이의 잘못일까, 부모의 잘못일까.

요즘 어린아이들에게는 '뽀통령'보다도 더 유명한 '캐통령'이라는 분이 있다. 바로 유튜브 채널에서 《캐리와 장난감 친구들》을 진행하는 캐리 언니다. 아이들 장난감을 가지고 놀면서 리뷰를 하는 프로그램인데 우리 아이들도 아주 열혈팬이다. 유튜브에 나오는 동영상들을 보고 혼자 자기만의 '장난감 친구들'을 찍으며 따라 한다.

캐리 언니는 어린 시절부터 장난감을 가지고 노는 게 너무 좋아서 오빠와 함께 장난감 리뷰 영상을 제작하기 시작했다고 한다. 그리고 지금은 1년 수입만 일반 직장인의 수십 배가 될 것으로 추정된다. 다른 유튜브 채널이나 1인 방송들을 보아도 생각지도 못한 특기나 재능으로 중소기업 못지않은 수입을 올리는 경우를 어렵지 않게 볼 수 있다. 자신만의 소질과 재능을 잘 파악해서 성공한 최신 트렌드의 한 가지 예다.

학생의 본분은 공부이지만, 공부가 인생의 전부는 아니다. 의무 교육이라서 모든 아이들이 학교에 가서 공부를 하는 것이지, 모든 아이들을 1등으로 만들기 위해서 학교에 보내는 것은 아니라는 말이다. 아이들의 적성과 소질이 각자 다르듯이 공부에 타고난 재능이 있는 아이들은 한정되어 있는데, 그런 소수를 제외하고 나머지 아이들을 모두 '인생의 실패자'로 만들어야 올바른 교육일 것인가.

10대 나이의 10년은 인생 중 다른 어느 시기의 10년보다도 가능성과 기회가 충만한 시기임에는 틀림이 없지만, 사회에 나와서도 얼마든지 자신의 적성을 발견하고 자기의 길을 개척할 수 있다. 공부 말고도 아이들이 자신의 재능을 펼칠 수 있는 분야가 요즘에는 너무나도 많다.

책 읽어주는 아빠

"아이들에게 책을 하루에 몇 권이나 읽어주시나요?"

자식 교육에 혼신의 힘을 다하는 엄마들도 이 질문을 받으면 선뜻 대답하기가 어려울 것이다. 아이들에게 책을 읽어주는 게 좋다는 것은 모두들 알고 있지만, 그만큼 실천하는 것은 쉽지 않다는 이야기다. 아빠들도 퇴근하고서 피곤한 몸으로 아이들에게 책을 읽어주다 보면 한 권도 채 읽지 못하고 먼저 잠이 드는 경우가 많다. 책을 읽어준다는 게 보기에는 쉬워 보여도 부모들에게는 참으로 고된 일이다.

그러나 『하루 15분 책 읽어주기의 힘The Read-Aloud Handbook』(북라인, 2012)의 저자인 짐 트렐리즈는 '책 읽어주기'의 중요성을 강조한다. 그에 따르면 '책 읽어주기'란 단지 책을 읽어주는 것 이상의 의미를 가진다. 부모는 책을 읽어줌으로써 아이에게 정보를 전달하기도 하지만, 이를 통해 아이의 자신감과 흥미를 일깨우고, 호기심과 영감을 불러일으키며, 부모와 자식 사이의 결속을 다지게 된다고 말이다. 그래서 비록 짧은 시간이라도 매일 아이들에게 책을 읽어주라고 조언한다.

아이들에게 최대한 공부 스트레스를 주지 않기로 결심을 했지만, 단 한 가지만은 육아 초기부터 꾸준히 해오는 게 있다. 바로 아이들에게 책을 읽어주는 것이다. 나 또한 '책 읽기'가 모든 공부의 기초 체력이라는 생각을 예전부터 가지고 있었다. 그래서 아이들이 한글을 전혀 모를 때에도 품에 안고 책을 많이 읽어주었다. 집에서 가장 손쉽게 해줄 수 있는 방법인 데다 모든 유아 전문가들이 추천하는 교육법이니 고민 없이 시작했다.

살림하는 내내 시간이 날 때마다 책을 자주 읽어주었다. 아이가 아침에 일찍 일어나면 읽어주고, 낮에 놀다가도 잠깐 틈을 보이면 읽어주고, 밤에 잠들기 전에는 반드시 읽어주었다. 구연동화 선생님처럼 재미있게 다양한 목소리로 읽어주지는 못하지만 최대한 재미있게 읽어주려 노력했다. 무작정 많은 책을 읽어주기보다는, 한 권을 읽더라도 아이가 그 한 권을 충분히 소화시키고 이해하는 것을 목표로 두었다.

책 읽어주기에서 가장 중요한 것은 서로 간의 피드백이다. 단순히 아빠가 빠르게 글자만 읽어주고 끝나는 책 읽기는 그냥 아빠의 독서에 불과하다. 아빠가 천천히 책을 읽어주고 있으면 아직 글을 모르는 아이들은 귀로는 소리를 듣고, 눈으로는 그림을 보면서 책의 내용을 한 편의 영화처럼 머릿속으로 이미지화한다. 때문에 읽어주면서도 아이들의 반응을 살피고, 때로는 천천히 때로는 빠르게 속도를 조절하면서 읽으면 좋다. 그저 일방통행식으로 밀어붙이는 읽기는 오히려 아이들이 스스로 생각하는 소중한 시간을 방해할 뿐이다.

책 읽기를 하나의 토론처럼 활용하는 것도 좋다. 제목을 읽으면서부터 먼저 질문을 던진다. "어떤 내용일까요?" 그러면 아이는 모르겠다고 말하기도 하고 어떤 생각을 말하기도 한다. 정답을 원하는 게 아니라 처음부터 아이의 관심과 호기심을 이끌어내는 과정이다. 천천히 책을 읽으면서 각각의 장면들에 대해 아이들에게 수시로 질문을 던진다. "왜 콩쥐는 지금 울고 있을까요?" 그러면 아이는 본인만의 생각으로 여러 가지 답변을 한다. 이때도 맞고 틀리고가 중요한 게 아니다. 그저 아이가 말하는 것을 끝까지 들어주고 공감해주면 된다. 반대로 아이가 먼저 질문을 던지면 읽던 것을 잠시 중단하고 그 질문을 가지고 서로 이야기를 이어나가면 된다.

책을 읽으면서 내용과 관련된 질문을 하면 아이들이 책에 더 집중하게 된다. 이렇게 아이들과 소통하면서 책을 읽어주다 보면 아이의 두뇌가 자극받고 있는 게 눈에 보이듯이 느껴진다. 실제로 부모가 책을 읽어주는 게 아이들의 두뇌 활동을 촉진한다는 연구 결과가 있다. 미국 신시내티 어린이병원 연구팀에 의하면 3~5세 사이의 아이들에게 이야기를 들려주고 자기공명영상(MRI)으로 뇌를 관찰했더니 지적 심상을 지원하는 뇌 부위의 활동이 크게 증가한 것으로 밝혀졌다고 한다. 지적 심상이 증강되면 이야기를 이해하고 읽으면서 마음속에 상을 그릴 수 있다고 한다. 연구팀의 존 휴턴 박사는 "이번 연구로 유치원에 가기 전의 중요한 발달 단계에 있는 아동들에게 책을 읽어주는 것이 뇌가 이야기를 처리하는 방법에 중요한 영향을 미친다는 사실을 처음으로 밝혀냈다."고 말했다.

초등학교에 다니는 첫째 아이는 이제는 혼자 책을 읽을 수 있지만, 요즘도 가끔씩 내가 책을 읽어준다. 책을 읽어주는 게 단순히 교육적인 면을 떠나서 아이들과의 정서적 교감을 강화하는 측면도 있기 때문이다. 몇 년째 아이들을 옆에 끼고 책을 읽어주다 보니 그 과정이 이제는 아이들과의 소통의 시간이 되었다. 같이 옆에 앉아 살도 부대끼고 무릎에 앉혀서 책을 읽어주다 보면 애틋함이 절로 생긴다. 한 페이지씩 나누어서 읽다 보면 놀이처럼 재미있기도 하다. 아이들도 여전히 혼자 읽는 것보다 아빠랑 같이 책 읽는 것을 좋아한다. 그래서 아무리 피곤

하더라도 아이들이 책을 읽어달라고 하는 요청만큼은 절대 거절하지 않는다. 물론 잠자리에 들기 전에 "아빠, 오늘은 책 다섯 권. 다 읽어주실 거죠?"라고 묻는 아이들을 볼 때면 가슴이 철렁 내려앉기도 한다.

요즘 초등학교 수학 교과서를 보면 이게 수학 과목인지 국어 과목인지 헷갈린다. 소위 '스토리텔링과 서술형 평가'로 교과과정이 바뀌면서 수학 문제를 풀 때도 예전처럼 단답식 정답을 요구하기보다는 글을 읽어내는 독해력을 요구하는 것으로 바뀐 것이다. 수학뿐만 아니라 다른 과목에서도 긴 지문의 읽기를 요구한다. 다양한 실생활 관련 사례를 읽고 난 후 개념과 원리를 통해서 문제를 풀도록 하고 있다. 입시는 물론 내신 시험에서도 논술형 답안의 비중이 늘어 독서 및 독서 후 활동이 더욱 중요해졌다. 모든 교과 공부에 독해력이 바탕이 되고 있는 것이다.

수많은 교육 전문가들이 독해력을 기르는 방법으로 추천하는 것은 바로 독서다. 그러니 아이들에게 책을 읽어주는 것도 중요하지만, 더욱 중요한 것은 결국 아이들 스스로 책을 가까이하게 만드는 것이다. 하지만 아이들에게 학습적인 면을 강조해서 푸시를 하면 어느 순간 책을 거부할 수가 있다. 아이가 책에 습관이 들 때까지는 거부감이 들지 않도록 자연스럽게 접근하는 것이 좋다. 독서 교육에도 밀당 전략이 필요한 셈이다.

나는 우선 환경적으로 아이들이 책에 쉽게 노출될 수 있게 만들었다. 집 안 곳곳의 비는 공간을 작은 책장으로 채워 넣고 거실을 하나의 도서관처럼 만들었다. 언제 어디서든 책이 아이들의 손에 닿을 수 있게 만드는 게 핵심이었다. 그러고는 나 스스로가 집에서 책을 읽는 모습을 아이들에게 자주 보여주었다. 억지로 책을 읽는 모습은 눈치 빠른 아이들에게 금세 탄로 난다. 평소에도 지속적으로 의도치 않게 목격되어야 아이들도 '책을 읽는 게 재미가 있는 것이로구나.'라고 생각하게 된다.

아이들은 부모의 말과 행동을 기가 막히게 따라 한다. 내가 저녁을 먹고 거실에서 TV를 틀면 아이들도 옆에서 TV를 본다. 내가 책을 읽으면 아이들도 책을 읽는다. 그런데 아빠는 스마트폰으로 게임을 하면서 심심해하는 아이들에게는 "책이나 읽어."라고 잔소리를 한다면 아이는 부모를 말과 행동이 다른 사람으로 인식하게 된다. 가장 좋지 않은 부모의 모습이다. 부모가 솔선수범해야 아이들도 믿고 따라 한다.

새벽에 일어나 조용히 책을 읽고 있으면 아침잠이 없는 둘째가 살며시 나를 찾아온다. 혹시나 아빠가 놀아줄까 싶어서 왔지만, 역시나 책을 읽고 있는 아빠를 발견한다. 잠시 나를 지켜본 아이는 조용히 본인이 좋아하는 동화책 몇 권을 꺼내 와서 내 옆에서 눈을 비비며 뒤적거린다. 어차피 아빠가 책에 빠져 들어 있을 때는 잘 놀아주지 않는다는 것을 알기에 스스로 책을 읽기 시작하는 것이다.

그렇게 여러 달을 지속하니 마침내 벅차오르는 순간이 왔다. 저녁식사를 마치고 난 뒤 아이들이 스스로 거실에서 책을 꺼내 읽기 시작한 것이었다. 그때의 기쁨이란 이전까지의 어떤 경험들에도 비교할 바가 아니었다. 나의 계획과 노력이 성과를 맺었다는 생각을 하니 더욱 뿌듯했다. 그때부터는 아주 이상적인 장면을 수시로 목격할 수 있었다. 휴일에 늦잠을 자고 일어난 아이들이 밖으로 나오지도 않고 방에서 조용히 책을 펼쳐들고 있거나, 심지어 친구 집에 데려갔더니 그 집 책장 앞에서 책을 읽고 있는 것이었다. 책 읽기가 습관이 되니 굳이 아이들에게 책 읽으라는 잔소리를 할 필요가 없어졌다.

교육에 있어서 독서의 중요성은 따로 설명이 필요 없다. 아직 아이들이 초등학교 입학 전이라면 다른 복잡한 것은 고민하지 말고 딱 한 가지, '매일 책 읽어주기'를 실천해보자. 간단하게 들릴 수도 있겠지만 그것만이라도 꾸준히 한다면 일단 성공이다. 엄마들처럼 살갑게 읽어주지는 못하더라도 최대한 아이들이 관심을 가질 수 있게 나름의 방법을 터득해보자. 아빠가 책을 좋아한다면 금상첨화다. 아이들에게 책 읽는 모습을 자주 들킨다면 자연스럽게 아이들이 스스로 책을 가까이하게 될 테니 말이다.

『명심보감』에 이런 구절이 있다.

"한 상자의 황금을 자식에게 물려주느니 경서 한 권을 가르쳐주는 게 낫고, 천금의 돈을 자식에게 전해주느니 재주 하나 가르쳐주는 게 낫다."

비록 힘들고 귀찮은 일이지만, 아이들 교육에 있어서는 소위 '가성비(가격 대비 성능의 비율)'가 가장 높은 게 '책 읽어주기'다. 그러니 다른 것은 몰라도 책만이라도 매일 읽어주자.

잘 노는 것도 공부다

김정운 교수는 『노는 만큼 성공한다』(21세기북스, 2011)에서 우리가 가만히 멍 때리고, 쉬고 있을 때 얼마나 창의적이 되는지를 설명한다.

"가장 열심히 일할 때가 가장 창의적이지 못하다. 우리가 자주 산책을 하고 편안히 잘 쉬어야 하는 이유도 바로 이 때문이다. 단지 스트레스를 해소하기 위해서만이 아니다. 아이들이 재미있게 놀아야 하는 이유도 바로 놀이를 통해 심상 작용이 극대화되기 때문이다. 아무것도 아닌 돌멩이가 로봇으로 둔갑하고 나무 조각이 우주선으로 둔갑할 수 있기 때문이다. … 정보의 크로스오버가 가능한 편안한 공상과 몽상의 상황을 자주 가질수록 우리는 더욱 창의적이 된다. 그래서 우리는 정말 잘 쉬고 잘 놀아야 한다. 제발 멍하니 창밖을 쳐다보는 시간을 많이 가져라."

아이들의 최대 장점은 무한한 상상력과 창의력이다. 아이들은 놀이를 통해서 자연스럽게 창의력과 상상력을 계발시킨다. 아무 생각 없이 노는 것처럼 보여도 노는 동안 두뇌는 자연스럽게 계발되고 있다. 부모는 한 글자라도 더 배우게 하고 싶지만 그런 주입식 암기보다는 놀이과정을 통해서 아이들은 더 많이 성장한다. 말랑말랑한 아이들의 두뇌가 주입식 교육을 통해서 굳어가는 것을 경험한 나는 최대한 아이들이 노는 시간을 많이 가지게 하려고 해왔다.

아이들을 더 많이 놀게 하는 것도 노력이 필요하다. 우리 어릴 때처럼 동네 친구들이랑 해가 질 때까지 알아서 놀다가 집에 들어오는 시대가 아니다. 놀이터에서 아무리 기다려봐도 친구들은 놀이터에 없다. 다들 수업이 끝나면 학원에 가 있다. 심지어 노는 것도 학원을 다닌다. 축구며 농구 등 구기 종목뿐만 아니라 줄넘기, 인라인 등 동네 친구들과 어울려 놀면서 배우던 놀이들도 지금은 학원에서 배운다. 그러니 동네에 노는 아이들이 없는 것이다.

초등학교 들어가기 전까지는 아이들을 최대한 놀게 하려고 마음먹었지만, 정작 같이 놀 친구들이 없었다. 그렇다고 아이들을 놀리기 위해서 학원까지 보내고 싶지는 않았다. 엄마보다는 운동이나 체력적인 부분에 자신이 있는 아빠이기 때문에 굳이 학원을 보낼 필요는 없었다. 웬만한 놀이와 운동은 내가 선생님이자 친구가 될 수 있었다.

아이들과 노는 데 있어서 나의 기본 원칙은 일단 비용이 많이 들지 않아야 한다는 것이다. 주말에만 잠깐 놀아주는 아빠의 경우에는 키즈카페나 놀이동산 등을 시원하게 쏘면서 아이들의 환심을 쉽게 살 수 있다. 사실 부담만 되지 않으면 돈을 써가면서 아이들을 놀게 하는 게 부모에게는 제일 편한 방법이다. 시간도 잘 가고 아이들도 좋아한다. 하지만 나는 매번 그런 방식으로 시간을 보낼 수가 없었다. 아이들과 보내야 하는 시간이 너무나도 많았다. 일상처럼 다가오는 시간들을 모두 돈을 써가며 놀아줄 수는 없는 법이었다. 최대한 돈이 들지 않으면서 아이들과 놀아주는 나만의 스킬이 필요했다.

아빠가 아이와 논다고 해서 반드시 교구나 장난감이 필요한 것은 아니다. 건강한 신체만 있다면 '숨바꼭질'이나 '얼음땡'처럼 몸을 쓰는 놀이를 할 수도 있고, 폐품을 활용해 장난감을 만들어 놀이수단으로 활용할 수도 있다. 간단한 요리를 같이 해보는 것도 아이들이 좋아하는 놀이 중 하나다. 간식을 만들 때 작은 역할이라도 아이에게 맡기면 만드는 과정도 하나의 놀이가 되고 먹을 때도 훨씬 적극적으로 맛있게 먹게 된다.

아이들이 장난감을 원하는 경우에는 새것을 사주기보다는 공공기관의 대여 서비스를 이용했다. 시에서 운영하는 장난감 대여 서비스를 통해서 각종 장난감이며 어린이 DVD, 책 등을 주기적으로 빌렸다. 연회비 만 원이면 모든 서비스를 이용할 수 있으니 가성비가 최고였다. 어차피 아이들은 비싸고 새로운 장난감을 사주어도 며칠만 지나면 거들떠보지 않는 경우가 많다. 장난감을 대여하다 보니 아이들도 매번 새로운 장난감을 가지고 놀 수 있어서 좋고 비용도 절약할 수 있어서 좋았다.

노는 아이디어가 잘 떠오르지 않는다면 시중에 나와 있는 '집에서 아이들과 함께 하는 놀이법' 같은 부류의 책들을 참고하는 것도 방법이다. 수많은 유아 놀이 전문가들이 집에서도 큰 비용 들이지 않고 아이들과 노는 비법들을 알려준다. 여러 가지 놀이들을 시도하다 보면 본인의 아이가 특별히 좋아하는 놀이를 발견할 수 있다. 그러면 그런 놀이 위주로 틈틈이 놀아주면 된다. 물론 아이들이 싫증 내지 않게 지속적으로 놀이를 바꾸어주는 것이 좋다.

나의 경우는 딸 둘이 모두 좋아하는 역할 놀이를 자주 했다. 이 놀이의 장점은 놀이의 주체가 아이들이 되기 때문에 아빠는 그냥 묻어가기만 하면 된다는 점이다. 아빠, 엄마 놀이를 하자고 하면 나는 아빠, 첫째 딸은 엄마, 둘째 딸은 아기가 되는

식이다. 조금 손발이 오그라들지만, 아이들의 눈높이에 나를 맞추기만 하면 나머지는 그다지 어렵지 않다. 아이들은 스스로 끊임없이 새로운 놀이거리를 만들어내는 신기한 재주가 있다. 굳이 내가 주체가 되어 이끌어가야 한다는 부담감을 버리고 아이들이 시키는 대로 따라가기만 해도 훌륭한 놀이가 된다.

아이들과 놀 때에는 아이들의 눈높이에서 서로 소통하는 게 가장 좋은 방법이다. 전문가들도 이구동성으로 아이들의 눈높이에서 생각하고 반응해주라고 조언하지 않던가. 놀 때는 내가 '부모'라는 생각은 잠시 접어두자. 같이 놀면서도 아이들에게 지시하고 잔소리하면 그것은 같이 노는 게 아니다. 내가 다시 아이가 되었다는 생각으로 철없이, 아무 생각 없이 아이들과 놀아주는 게 본인도 즐겁고 아이도 즐겁다. 놀이를 가장해서 교육적인 목적을 들이대는 것도 추천하지 않는다. 눈치가 백단인 아이들은 금세 그 어색함을 눈치채고 흥미를 잃어버리게 마련이다.

동네 도서관도 아이들에게는 좋은 놀이터다. 주말에는 무료로 아이들이 좋아하는 영화를 상영하는 곳도 있기 때문에 시간에 맞추어 가면 반나절은 금방 간다. 영화도 보고 간 김에 책도 읽다 보면 놀이와 공부를 동시에 할 수 있다. 아이들이 아직 책에 흥미가 없던 때에도 영화를 보러 가자거나 DVD를 빌

리자는 핑계로 자주 도서관에 데리고 다녔다. 처음에는 영화만 보러 갔던 아이들도 이제는 영화가 끝나고 나면 자연스럽게 책을 본다. 초등학생이 된 첫째 아이는 이제 도서관에 가면 몇 시간이고 혼자서 책을 읽는다. 그렇게 도서관을 아이들에게 재미있는 공간, 가고 싶은 공간으로 만들었다. 도서관 가는 것도 하나의 놀이가 된 것이다.

아빠라면 몸을 이용한 놀이도 빠질 수 없다. 딸들이라도 어릴 때부터 남자아이 다루듯이 몸으로 많이 놀아주었다. 아이들의 몸무게가 가벼웠던 시절에는 몸을 번쩍 들어 올려 재미있는 놀이 기구가 되어주었다. 내 운동을 겸해서 아이를 등에 태워 팔굽혀 펴기도 하고, 말이 되어서 집 안 곳곳을 기어 다니기도 했다.

신체적 고통을 살짝 가하는 것도 아이들이 좋아하는 놀이 중 하나다. 거실 바닥에서 아이들에게 레슬링 기술을 걸면서 팔이나 다리를 꺾기도 하고 악수를 하면서 손을 꽉 쥐기도 하면 아이들은 살짝 아파하지만 무척 재미있어 한다.

여자아이를 너무 과격하게 다룬다고 남들이 보면 걱정할 수도 있겠지만, 아빠는 스킨십을 통해서 아이들과의 관계가 더욱 친밀해짐을 느낀다. 스킨십만큼 사람과 사람 사이를 가깝게 만드는 것도 없지 않은가. 굳이 놀이라는 생각을 하지 않고 일상

생활에서도 서로 지나칠 때마다 '하이파이브'를 한다든지, 옆에 있으면 간지럼을 태운다든지 해서 지속적으로 장난을 친다. 아빠로서 무게를 잡아야 할 때는 잡아야겠지만, 평소에는 이렇게 친구처럼 스스럼없이 놀다 보면 아이들도 아빠를 더욱 편한 친구로 생각하고 대한다.

날씨가 좋다면 밖에 나가 있는 것만으로도 모든 곳이 아이들에게는 놀이터가 된다. 아이들은 야외에 풀어만 놓으면 알아서들 잘 논다. 나 또한 집에만 있는 것이 답답하기도 해서 가능하면 아이들을 데리고 밖으로 나갔다. 놀이터나 근처 공원에 가서 아이들이 마음껏 뛰어놀게 했다. 요즘은 보통 학원에서 배우는 인라인도 딸은 공원에서 나와 놀면서 배웠다. 나는 인라인을 전혀 타지 못했지만, 인터넷에 나오는 강습법만 보고 따라 해도 가르치기에는 충분했다. 아빠와 딸이 공원에서 같이 손을 마주 잡고 인라인을 타고 노는 모습은 얼마나 아름다운가. 수십 번 넘어지고 다쳐도 그것 또한 우리만의 추억이다.

주말이면 가끔씩 동네 뒷산으로 같이 등산을 가기도 한다. 아직 어려서 힘들어하기도 하지만 어느새 나뭇가지와 돌 등을 가지고 다양한 놀이를 만들어내는 아이들을 보면 신기하기도 하고 대견스럽기도 하다.

책상에 앉아서 문제 하나 더 푸는 게 공부의 전부는 아니다.

아이들이 신나게 노는 것도 공부다. 정규 교육과정만으로도 아이들의 두뇌는 이미 지쳐 있다. 방과 후에도 끊임없이 이어지는 주입식 교육은 결국 아이들의 뇌를 포화상태로 만든다. 지식을 계속 받아들이기만 하고 쉬지를 못하는데 어떻게 두뇌가 창의적인 아이디어를 만들어낼 수 있겠는가. 미국 질병예방센터 연구 결과에 따르면 아이들의 신체활동이 수학과 읽기 성적을 향상시키고 과잉행동장애의 치유에도 효과가 크다고 한다. 장시간 앉아 있는 아이들에게 나타나는 집중력 저하와 주의력 결핍 증상이 놀이를 통해 개선되고, 뇌에 산소와 포도당의 공급이 원활해져 두뇌가 활성화된다는 것이다. 책상 앞에서 공부하는 시간도 필요하지만, 아이들에게는 그만큼 밖에서 노는 시간을 꼭 챙겨주는 게 두뇌의 휴식이나 계발에는 꼭 필요한 것이다.

돌아가는 것처럼 보이는 길이 오히려 지름길인 경우가 있다. 노는 것도 공부라는 생각으로 아이들에게 최대한 노는 시간을 많이 만들어주고 아이들과 같이 놀아보자. 인공지능의 발달로 이제 지식을 누가 머릿속에 많이 담느냐의 경쟁은 끝이 났다. 단순한 지적 업무는 기계에 맡기고 인간은 기계가 대체할 수 없는 창의적인 사고에 집중해야 하는 시대로 바뀌었다. 머지않은 미래에 현재의 의사, 변호사 같은 전문직들이 사라질 것이라고 예측하는 책도 있지 않은가. 아이를 미래의 창의적인 인재로 키우기 위해서라도 놀이는 필수다.

사교육 유감

초등학교에 다니는 조카가 스마트폰으로 게임을 하고 있었다. 옆에서 보니 아이가 잔소리하는 엄마를 피해 도망치는 게임이었다. "잡히면 죽어!"라고 외치는 엄마를 피해서 오래 달아날수록 더 많은 점수를 얻었다. 엄마를 피해서 달리다 보면 차들이 쌩쌩 다니는 도로가 나온다. 도로 위의 차들도 피하지 못하면 치여 죽는다. 엄마에게 잡혀 죽거나 자동차에 치여 죽거나 둘 중 하나인 게임. 이런 게임을 아이들이 하고 있었다.

'초4병'이라는 것도 있다. '중2병'과 비슷한 개념으로 요즘은 아이들이 초등학교 4학년만 되어도 부모와 갈등의 시기를 겪는다고 한다. 어릴 때는 엄마가 전부이기 때문에 시키면 시키는 대로 한다. 그러다가 열 살 정도만 넘겨도 자의식이 생겨 엄마가 예전처럼 아이를 통제하기가 어려워진다고 한다. 어떤 아이들은 학교도 학원도 거부하고 부모와 대화를 하지 않는다. 어린 나이에 벌써 부모와 담을 쌓게 되는 것이다.

육아를 시작한 지 얼마 되지 않아서 아이들을 데리고 소아과에 간 적이 있었다. 병원이 있는 상가 건물에는 마치 백화점처럼 각종 학원들이 가득 들어차 있었다. 회사에 다닐 때 초등학생을 만날 일이 거의 없었던 나는 엘리베이터 안에서 학원에 가는 아이들의 눈을 보고 큰 충격을 받았다. 아직 초등학생들임에도 불구하고 눈빛이 반짝거리는 아이가 한 명도 없었다. 다들 초점 없는 멍한 눈으로 축 처진 어깨를 하고 있었다.

초등학생이 방과 후에 학원을 대여섯 개씩 다니고 집에 와서도 자정을 넘기면서까지 학원 숙제를 하다가 잠이 드는 현실. 그러는 사이 아이들은 왜 배워야 하는지, 왜 학원에 가야 하는지도 모른 채 지쳐만 가고 있었다. 그때 나는 결심했다. 우리 아이들은 절대로 그런 눈을 가진 아이로 만들지는 않겠다고 말이다.

그동안 무관심으로 일관해 왔던 아빠가 사교육의 현실을 대한 첫 감상은 '이거 미친 거 아냐?'라는 생각이었다. 사교육이 문제라는 말은 많이 들어왔지만, 현실은 상상 이상이었다. 취학 전이라고 아이를 유치원에만 보내는 경우는 거의 없었다. 유치원 정규 수업을 마치면 이후에는 영어, 수학, 과학, 논술, 미술, 수영, 피아노, 태권도, 한자, 영재 교육, 창의력 계발 등 별의 별 수업을 다 듣는다. 초등학교 입학 전에 모든 것을 다 마스터해야 한다는 분위기였다. 상대적으로 시간이 많으니 취학 전에 더 많은 사교육을 시켜야 한다는 이상한 논리가 있었다. 물론 초등학교에 들어가면 사교육은 더 늘어난다.

유치원을 선택하는 문제에서부터 엄마들 간의 경쟁은 시작된다. 일반 유치원을 보낼지 아니면 영어 유치원을 보낼지 말이다. 영어 유치원은 일반 유치원보다 비용이 보통 두 배 이상 든다. 하지만 영어 유치원에 보내지 않으면 왠지 우리 아이만 뒤처지는 느낌이 든다. 유치원 때부터 시작된 2년이라는 영어의 갭이 평생 갈 것 같은 불안감이 생긴다. 이때부터 사교육의 함정에 빠지기 시작한다. 그래서 아이를 일반 유치원을 보내더라도 방과 후에 따로 몇 시간씩 영어 학원에 보내는 경우가 많다. 비용도 비용이지만, 이런 현실을 이해할 수가 없었다. 얼마나 완벽한 아이를 만들려고 한글도 잘 모르는 아이에게 영어 교육을 시키는가 말이다.

사교육과 관련해서 아내와 이야기를 해보니 이미 우리 사이에도 커다란 벽이 존재했다. 아내는 주위의 엄마들에게 들은 정보가 있었기에 아이에게 사교육을 시키지 말자는 나의 의견에 일단 불안해했다. 의도와 취지는 공감하지만 다른 아이들에 비해 우리 아이들을 교육적으로 너무 방치하는 게 아닌가 하고 말이다. 그러나 다행히 아내 역시 과도한 사교육에는 거부감이 있었다. 남들이 다 한다고 무조건 시키고 보자는 주의는 아니었다. 고민을 해보고 꼭 필요한 것만 시키자는 생각을 가지고 있었기에 결국 나의 의견을 받아들여 주었다. 주위 친구들이 다 하는 사교육 과목이라도 일단 나와 상의를 한 후 가부를 결정했다. 그러다 보니 우리 아이들은 어느새 주위에서 가장 사교육을 안 하는 아이가 되었다.

사교육에서 필수라고 하는 영어도 첫째 아이가 초등학교 2학년이 될 때까지는 시키지 않았다. 처음 육아를 할 때 집에서 영어 DVD를 틀어주고는 했지만, 그다지 효과도 없는 데다가 '한글도 모르는 아이에게 영어가 웬 말이냐.'라는 생각이 들어 중단했다. 아내와도 영어는 한글을 어느 정도 잘 활용하게 된 후에 시키자고 합의를 봤다. 그러자 나중에는 오히려 주변에서 우리 아이의 영어에 대해서 걱정을 했다. 한 살 어린 아이들과 같은 반에서 배워야 한다는 협박 아닌 협박도 들었다. 그렇지만 우리는 아이가 우선 한글을 잘 사용하게 될 때까지 버티기로 했다.

그런데 초등학교 1학년 엄마들 모임에 다녀온 아내가 나에게 놀라운 사실을 말해주었다. 반에서 영어 학원을 안 다니는 아이는 우리 아이를 포함해 다섯 명뿐이라는 것이었다. 한글을 알든 모르든 일단 영어 학원은 모두들 다니고 있었다. 한글 받아쓰기는 틀리면서 영어 단어는 곧잘 외우는 식이었다. 게다가 1학년이 끝날 즈음 되니, 학교에서 돌아온 첫째가 나에게 물었다. "아빠, 나 영어 공부 좀 시켜주면 안 돼?" 당황스럽기도 하고 속으로 기쁘기도 했지만 애써 침착하게 물었다. "왜 갑자기 영어 공부가 하고 싶은 거야?" "아니, 친구들이 자꾸만 쉬는 시간에 서로 영어로만 말해서 조금 부끄러워…." 그 말을 들은 나는 갑자기 할 말이 없어졌다. 부모로서 좋은 의도로 선행 학습을 시키지 않았던 것인데 그런 상황까지는 생각하지 못했기 때문이었다.

아이에게 미안함은 있었지만, 영어 선행 학습만큼은 시키고 싶지 않았다. 비용도 다른 학원에 비해 지나치게 비싼 데다가, 아직 한글도 완벽하지 않은 아이에게 다른 언어를 가르친다는 사실이 도무지 내키지 않았기 때문이었다. 학교에서도 3학년이 되어야 영어를 정규 수업으로 배우는데, 대부분의 시간을 한국어로 말하는 환경에서 하루에 몇 시간씩 선행 학습을 한다고 얼마나 효과가 있을지 의문이기도 했다. 그리고 영어도 어릴 때는 놀이처럼 시작하다가 결국에는 암기로 가는 것을 보니 더더욱 선행 학습이라는 게 불필요해 보였다. 방과 후 영어 학원을 두세 시간씩 다녀오고 나서도 따로 내주는 숙제가 많아서 학교에서 몰래 학원 숙제를 하는 경우도 있다는 이야기를 들었을 때는 완전히 본말이 전도되었다는 생각이 들었다.

'앞으로 영어가 필수인가'에 대해서도 의문이 들었다. 최근 인공지능의 발전 속도는 가히 상상을 초월한다. 이미 우리는 번역 어플이나 프로그램을 통해 다양한 세계 언어들을 손짓 한 번으로 자동 번역할 수 있는 서비스를 누리고 있다. 일본 정부는 2020년 도쿄 올림픽에서 인공지능을 활용한 동시통역 시스템을 실용화할 방침이라고 발표했다. 구글의 딥러닝 프로젝트 팀장인 그렉 코라도 "10년 이내에 전 세계 모든 사람들이 서로 다른 언어를 사용하더라도 특별한 통역 헤드폰 기기를 통해 실시간으로 커뮤니케이션할 수 있을 것이다."라고 말했다. 대학 입시를 위한 영어 공부는 계속되겠지만, 과거만큼 영어 실력이 빠른 사회적 성공으로 가는 지름길이 될 수는 없을 거라는 전망이 점점 분명해지고 있다.

한때 열풍처럼 불던 조기 해외유학의 인기도 이제는 많이 시들해졌다. 여러 이유가 있겠지만 해외 유학생을 경쟁적으로 채용하던 대기업들의 인식이 바뀐 영향이 크다. 글로벌화 시대에 마냥 영어만 잘하면 모든 게 해결될 거라고 생각했지만, 막상 화려한 해외 스펙에 끌려 해외 유학생을 채용했더니 의외로 사

내 커뮤니케이션에서 문제가 생기는 경우가 비일비재했다. 내가 다녔던 회사도 수출 중심 기업인지라 직원 중 해외 유학생들이 많았다. 하지만 유학파 후배들에게 업무 지시를 하다 보면 오랜 해외생활로 인한 문화적 차이에서 오는 문제를 비롯해, 오히려 기본적인 한글과 한자 실력이 부족한 경우가 많아서 힘들었던 기억이 있다. 게다가 아무리 글로벌 시대라고 해도 일반 회사 내에서 원어민 수준의 영어 실력을 요하는 일은 그다지 많지 않다. 그런 직무는 차라리 외국인을 채용해서 쓰는 게 업무적으로 더 효율적이다.

세상은 급속도로 변하고 있는데 아직도 외국어 하나로 먹고 살던 시대를 생각해서는 안 된다. 아이들의 교육은 10년, 20년을 내다보고 해야 하지 않을까? 나는 지금 아이들의 외국어 공부에 막대한 시간과 노력, 비용을 들이는 게 아이들의 미래를 생각했을 때 그다지 현명한 선택이 아니라는 판단을 내렸기에 영어 사교육을 가능한 한 늦춰 왔던 것이었다.

영어뿐만 아니라 다른 사교육도 다른 초등학생들에 비해서 그다지 시키지 않았다. 예체능을 제외한 학습적인 학원은 전혀 보내지 않고 있다. 선행 학습에 있어서는 이미 다른 아이들에 비해 늦었기 때문에 우리는 차라리 아이들을 최대한 놀리기로 했다. 너무 빨리 아이의 교육을 포기한 게 아닌가 생각할 수도 있겠지만, 우리 생각은 다르다. 물론 우리 아이가 어렸을 때부터 학습에 영재적인 재능을 보였다면 나도 조금 달랐을 것이다. 하지만 오랜 시간 관찰한 바에 의하면 첫째 아이는 학습적인 부분에서는 지극히 평범한 수준이었다. 그런 아이를 붙잡고 타고난 천재들을 따라잡겠다고 노력하는 것 자체가 무의미해 보였다. 그 시간에 차라리 아이에게 최대한 자유시간을 주고, 아이 자신만의 타고난 재능을 발견하는 데에 시간을 들이는 게 낫다고 생각했다.

최종 목표가 좋은 대학이라면 결국 공부는 장기전이다. 초등학교에서 공부를 잘한다고 고등학교 가서도 잘한다는 보장은 절대 없다. 누구나 그런 친구들을 몇 명씩은 보았을 것이다. 나 역시 중학교 동창 중에 전교 1등을 놓치지 않던 친구가 있었다. 학원도 전혀 다니지 않고 자기 주도 학습이 되어 있는 친구였기에 고등학교에 가서도 '당연히 잘하겠지.'라고 생각했다. 그런데 다른 고등학교로 진학한 그 친구를 2년 후 우연히 시내에서 보게 되었다. 담배를 피며 딱 봐도 불량스러워 보이는 친구들과 무리를 짓고 있었다. 전해 들은 소식에 의하면 공부만 하던 그 친구가 한번 노는 데 발을 들이기 시작하더니 걷잡을 수 없이 빠져들어 버렸다는 것이었다. 대학 입학 전까지 우리 아이들에게도 얼마나 많은 고비와 위기의 순간이 있겠는가. 초등학교 때부터 공부에 너무 많은 힘을 빼버리면 나중에는 더 빨리 포기하게 되지 않을까?

대학은 부모가 장기적인 시각을 가지고 접근해야 한다고 본다. 체계적이고 단계적인 사교육 플랜이 아니라, 얼마나 아이가 마지막까지 공부의 끈을 놓지 않게 하느냐가 핵심이라고 생각한다. 조이기도 하고 풀어주기도 하며 길게 가야지, 조이기만 하다가 아이가 공부만이 아니라 부모와의 대화마저 거부해버리게 되면 그때 가서는 돌이킬 수 없다.

교육시민단체인 《사교육걱정없는세상》은 2016년 말 기준, 서울 대치동과 목동 등 사교육 과열지구에 있는 주요 13개 학원이 정규 교육과정보다 평균 3.8년 앞선 내용을 가르치고 있다고 발표했다. 말하자면 초등학교 6학년이 중학교 3학년 과정을 선행 학습하고 있다는 것이다. 심지어 대치동의 일부 학원에서는 초등학교 4학년에게 고교 2학년 과정인 미적분을 풀게 하고, 강남의 어학원에서는 초등학생을 대상으로 유학에 필요한 공인영어시험인 토플(TOEFL)을 가르치고 있다고 한다. 가히 이 정도면 미친 선행 학습이라는 말이 나올 만도 하다.

재미있는 사실은 이렇게 선행 학습을 다 하고 나면 다시 같은 과정을 반복한다는 것이다. 학원에서 하는 선행 학습은 각 단계의 정확한 이해를 바탕으로 하는 게 아니라 일단 진도를 빼는 게 주목적이다. 모든 아이들의 이해를 전제로 한다면 진도가 그렇게 빨리 나갈 수가 없다. 수학의 예를 들면, 개념과 원리를 설명하고 간단한 문제를 풀어보고는 다음으로 넘어가는 식이다. 학원 강사는 어려운 개념도 최대한 쉽게 설명하기 때문에 듣고 있으면 아이들은 이해했다고 생각한다. 그런 식으로 진도만 쭉쭉 빼는 것이다. 그러고는 초등학생이 고등학교 과정을 배웠노라고 이야기한다. 완벽하게 이해하지 못했다고 하더라도 일단 한번 봤다는 심리적 안정을 노리는 것이다.

그러다가 중학교에 올라가면 수준이 급격하게 올라가기 때문에 결국 다시 같은 부분을 반복한다. 예전에 배웠다고 해도 시간이 지나고 나면 기억이 나지 않는 게 당연하다. 고등학교 과정을 선행 학습으로 두세 번 반복했다고 해도 정작 고등학생이 되면 다시 과외를 받는 이유다. 전직 사교육 종사자인《사교육걱정없는세상》정책대안연구소 구본창 국장은 "초등학교 때부터 선행 학습을 하고 중학교에 진학한 아이들을 상대로 테스트를 해보면 마치 포맷이라도 된 양 초등 4~6학년 때 배웠어야 할 기초가 무너져 있는 경우가 많았다. 초등 4~6년 수학은 정말 중요한데 이 시기에 중등 선행을 하고 있으니, 아이들이 훗날 수포자(수학 포기자)로 빠질 위험이 높아진다."라고 주장한다. 선행 학습을 하느라 아이는 아이대로 힘들고 교육비는 교육비대로 나가는데 효과보다는 리스크가 높다. 이 얼마나 비효율적인 낭비인가.

교육비도 이제는 하나의 투자 개념으로 접근해야 한다. 투입 대비 결과가 효율적인지를 따져야 한다는 말이다. 《NH투자증권 100세시대연구소》는 사교육을 최대 수준으로 하느냐, 최소 수준으로 하느냐에 따라 2017년을 기준으로 1명당 대학 졸업까지 교육비가 1억~3억원 정도로 차이가 난다고 추산했다. 다시 말해 사교육 정도에 따라 1명당 2억 원이 넘는 비용이 차이가 나는 셈이다.

과연 좋은 대학에 들어가는 것이 2억 정도의 투자금 차이가 날 만큼 가치가 있는 것일까? 최근의 청년 실업 문제를 보면 답은 나와 있다. 더 이상 좋은 대학이 좋은 직업을 보장하는 시대가 아니다. 오히려 매년 치솟는 등록금에 취업을 위한 스펙 쌓기의 비용까지 감안한다면 정말이지 최악의 투자가 바로 자식 사교육비다. 사교육에 목을 매는 부모들의 심리는 마치 언젠가는 오를 거라는 희망으로 부실기업의 주식에 지속적으로 투자하는 투자자들의 마음과 같다. 그러나 자기 자식은 다를 것이라는 착각은 진짜 착각이다.

어느 정도의 사교육은 필요하다. 공교육에서 일일이 챙겨주지 못하는 부분은 학원을 통해서 배우는 게 효과적인 것은 사실이다. 하지만 과도한 사교육비 지출은 가족 구성원 모두에게 전혀 도움이 되지 않는다. 학원에 많이 보낸다고 누구나 공부를 잘하게 되는 것은 아니지 않은가. 종국에 가서 공부를 잘하는 아이는 바로 스스로 열심히 하는 아이들이다. 부모가 시키지 않아도 스스로 밤을 새며 공부하는 아이를 학원 뺑뺑이나 돌며 멍하니 들러리를 서는 아이들이 따라잡을 수는 없다. 그렇다면 학원을 한 군데 더 보내는 것보다 오히려 가족 여행을 한 번 더 다녀오는 게 효율적인 투자가 아닐까. 다녀오고 나면 소중한 추억이라도 남으니 말이다.

아이의 자존감을 위해서, 남들에게 주눅 들지 않게 하기 위해서 학원을 보낸다는 것은 부모의 핑계일 뿐이다. 아이들의 자존감은 과도한 사교육과 부모의 잔소리로 만들어지지 않는다. 아이들에게 관심을 가지고 그들을 더 잘 이해하고 공감해 주는 부모의 마음이 아이들의 자존감을 더 크고 강하게 키워 준다. 이러한 자존감이 바탕이 되었을 때 아이는 비로소 자신의 미래를 위해 스스로 공부를 시작하게 되는 것이 아닐까.

부모의 미래가 더 걱정이다

얼마 전, 초등학교 2학년인 첫째 아이의 공개 수업에 참관했다. 반에 들어갔더니 교실 맨 뒤편에 각자가 써 둔 장래희망이 걸려있었다. 판사, 변호사, 의사가 대부분인 장래희망들 사이에서 우리 딸이 써 놓은 것은 동물병원 간호사였다. 물론 수시로 바뀌는 그녀의 장래희망이지만, 부모가 요구한 것이 아닌 자기 스스로 고민하고 생각한 꿈을 썼기에 뿌듯했다.

"너는 커서 어떤 사람이 되고 싶어?" 어른들이 아이들에게 곧잘 물어보는 질문이다. 무한한 가능성의 존재인 아이들을 보면 누구나 궁금해할 법하다. 나도 어린 시절에 '장래희망이 무엇이냐?'라는 질문을 수없이 받아봤다. 그러나 그때마다 나의 대답은 제각각이었다. 사실 이 질문만큼 사람을 막막하게 하는 것도 없다. 아직까지도 나는 내가 나중에 어떤 사람이 될지 모르는데 말이다.

나름 진지하게 장래의 직업을 고민해본 것은 중학생 무렵이었던 것 같다. 막연하게나마 틀에 박혀 사는 직장인보다는 멋진 사업가가 되겠다는 생각을 했다. 부모님은 나에게 '의사'나 '법조인'이 되었으면 하는 희망을 제시하시고는 했지만, 이미 어느 정도 머리가 커버린 나에게는 그런 말이 귀에 들어오지 않았다. 다행히 부모님도 본인들의 희망사항을 강요하지는 않으셨다.

'사업가'라는 꿈에 구체적인 계획을 세운 것은 취업을 준비하면서부터였다. 나는 모 기업의 인턴 생활을 하면서 '선박 브로커'라는 직업을 처음 알게 되었다. 선박 브로커는 배가 필요한 선주와 배를 건조하는 조선소를 연결시켜주는 일을 한다. 배 한 척이 대략 500억 원 정도 한다면 선박 영업으로 1%의 중개 수수료만 받아도 계약 한 건에 무려 5억 원이라는 수입이 생기는 셈이다. 또한 선박을 주문하는 선주들은 대부분 유럽의 갑부였기 때문에 다른 직업보다 뭔가 레벨이 더 높게 느껴지기도 했다. 그래서 관련 회사를 다니면서 선박 영업에 대한 경험과 네트워크를 쌓아 나중에 '선박 브로커리지' 회사를 차리겠다는 원대한 목표를 세웠다.

다른 대기업들에도 합격했지만, 나는 오직 선박 영업이라는 일을 배우기 위해서 당시 이름도 생소한 회사를 최종 선택했다. 나름 조선 산업과 사업가라는 나의 꿈을 접목시켜서 내린 최적의 결정이었다. 그러나 그 계획은 입사와 동시에 물거품이 되고 말았다. 분명 입사 지원부터 선박 영업 부문으로 지원하고 최종 합격했는데, 신입사원 연수가 끝나자 인사팀에서는 나를 '선박 영업팀' 대신 '외환팀'으로 발령한 것이었다.

나는 대학교에 다닐 때부터 '금융'이라는 분야에 대해서는 '비인간적이다.'라는 생각을 가지고 있었다. '사람'보다는 '돈'만 바라보는 업종이라는 생각에 그쪽 분야는 전혀 직업으로 고려하지 않았다. 금융 관련 전공 수업들도 최대한 피해가며 졸업했던 나에게 첫 발령지가 외환팀이라니. 어설프지만 한동안 준비하고 꿈꿔왔던 인생 플랜이 깨졌다는 실망감에 퇴사를 심각하게 고민했다. 하지만 최종 합격된 다른 기업들을 포기하고 연수까지 받은 상태에서 갑자기 그만두기는 어려웠다. 기업들의 공채 모집도 거의 끝난 상태라 다른 선택도 없었다. 우여곡절 끝에 울며 겨자 먹기로 외환팀에 출근하게 되었다.

막상 첫 출근을 해보니, 분위기가 다른 팀과는 사뭇 달랐다. 은행 딜링룸처럼 여러 대의 모니터를 켜 놓고 외부와는 차단된 공간에서 일을 하는 모습이 뭔가 프로페셔널하게 느껴졌다. 외환팀에 대해 가졌던 선부른 편견은 점점 깨지기 시작했다. 그렇게 한 달 두 달이 지나자 나는 외환이라는 업무의 매력에 쏙 빠지게 되었다. 새로운 분야를 배운다는 사실에 출근하는 게 신이 날 정도였다.

오히려 내가 그토록 원했던 선박 영업 업무는 기존에 생각했던 것과는 많이 달랐다. 배 한 척을 수주 영업하는 프로세스에서 영업 인력 개인의 역할은 극히 제한되어 있었던 것이다. 업무도 생각했던 것보다 서류 위주의 업무가 많았고 일도 굉장히 슬로우한 분위기였다. 그에 비해 외환 업무는 실시간으로 움직이는 환율을 보면서 하는 일이기에 긴장감이 넘치고 재미가 있었다. 하루에도 수십억, 수백억씩 오고 가는 거래를 하니 대단히 중요한 일을 하고 있다는 기분도 들었다.

그렇게 시작한 외환 업무는 지금까지 내 커리어의 상당 부분을 차지하게 되었다. 어린 시절은 물론이고 취업하기 직전까지도 전혀 들어보지 못했던 업무를 나의 커리어로 쌓게 된 것이다. 물론 그 업무가 적성이나 비전에 맞지 않았다면 중간에라도 그만두었겠지만, 의외로 잘 맞았다. 나도 모르던 내 적성을 회사가 찾아준 것이다. 이런 경험이 비단 나만의 케이스는 아닐 것이다. 지금 잘 해내고 있는 일이 본인이 예전부터 꿈꿔왔던 일인 경우는 흔하지 않다. 어쩌면 나처럼 한 번도 생각해보지 못한 일을 하고 있는 경우가 더 많을 것이다.

아주 어렸을 때부터 '의사'나 '법조인'이 되어야겠다고 자신의 꿈을 말하는 아이들을 보면 사실 나는 거부감이 든다. 그런 꿈은 대부분 부모들에 의해 강요된다. 그러한 직업들이 전도유망하고 안정적으로 보이기 때문에 아이들에게 주입시키는 것이다. 하지만 명심해야 할 것은 지금 세상이 빠르게 변하고 있다는 사실이다. 지금 안정적으로 보이는 직업도 그때 가서는 별 볼일 없는 직업이 되어 있을 수 있고, 그 반대의 경우도 있을 수 있다. 그러니 부모들이 아이의 장래를 일찍부터 확정지어서는 안 된다.

물론 한 분야에 탁월한 재능을 가지고 태어난 아이들이 있다. 그런 특별한 경우를 제외하고 일반적인 경우에는 아이의 적성과 재능을 조기에 발견하기란 쉬운 일이 아니다. 게다가 시키면 시키는 대로 따라오던 아이들도 결국에는 성인이 된다. 평생 자신의 품에 안고 돌봐줄 생각이 없다면 본인들의 꿈은 본인이 결정하게 해야 한다. 자식에 대해 부모는 서포터의 역할을 해야지 통제자의 역할을 해서는 안 된다. 아이가 어느 정도 자의식이 생기고 여러 가지 사회 경험들을 한 이후에 스스로 장래를 결정해도 전혀 늦지 않다.

대학 후배 중에 잘 다니던 회사를 그만두고 현재 오케스트라 지휘자의 길을 가는 친구가 있다. 그 친구는 고등학교 때까지 공부도 전교 상위권에 음악에도 재능이 있었다고 한다. 비록 부모님의 설득과 협박에 이기지 못해 가고 싶었던 음대를 포기하고 일반 대학에 진학을 하게 되었지만, 대학 때도 음악 동아리에 열정적으로 참여하면서 자신의 꿈을 놓치지 않았다. 하지만 결국 취업이라는 현실적인 문제에 직면해 또다시 음악의 꿈을 접고 취업을 선택했다.

그렇게 평범한 직장인의 삶을 살고 있을 거라고 생각했던 그 후배가 갑자기 회사를 그만두고 한국예술종합학교 지휘과에 다니고 있다는 소식을 전해왔다. "다들 인정하는 좋은 직장에 다니고 동기들 중에서도 잘나간다는 평도 들었는데 일에서는 아무런 기쁨을 느끼지 못하겠는 거예요. 저한테는 결국 음악이 가장 즐겁다는 생각에 그냥 그만뒀어요." 그러고는 반년을 준비해서 전공자들이 몇 년을 준비해도 들어가기 힘들다는 곳에 당당히 합격한 것이었다. 그 후배의 부모님은 지금의 자식을 보면 조금 후회하시지 않을까. "결국 이렇게 될 거였다면 처음부터 음악으로 밀어줄걸 그랬다."라고 말이다.

'헬리콥터 맘'이라는 용어가 있다. 항상 자녀의 주위에 맴돌면서 일거수일투족을 감시하고 지시하는 엄마를 가리키는 말이다. 요즘에는 '드론 맘'이라는 용어도 생겨났다. 헬리콥터처럼 시끄럽지는 않지만 여전히 아이들 주변에서 과잉보호를 하는 엄마를 뜻한다. 인생의 중요한 선택마다 엄마가 사사건건 간섭을 하다 보니, 회사에 들어가서도 "우리 애 야근 좀 시키지 마세요."라고 엄마가 회사에 전화하는 경우가 생긴다. 자식들에 대한 이런 과잉보호와 관심은 결국 아이들의 인생을 망친다.

부모들이 극성으로 아이들을 교육시키다가 실패한 경우를 주변에서 많이 보았기 때문에 나와 아내는 아이들에게 최대한 간섭을 하지 않으려 하고 있다. 어떤 일이든지 아이들의 의사를 먼저 물어보고 같이 결정을 내린다. 공부를 잘한다고 반드시 인생에서도 성공한 삶을 사는 게 아니라는 신념이 있기 때문에 학습적인 면에서도 최대한 마음의 여유를 가지려 한다. 남들보다 늦으면 늦는 대로, 못하면 못하는 대로 말이다. 어차피 학교를 다니고 학년이 높아지다 보면 자연히 공부에 대한 스트레스가 가중될 터다. 그냥만 두어도 충분히 아이들에게 힘든 교육 환경이니 부모라도 그 스트레스를 좀 덜어주어야 하지 않겠는가. 그래서 오히려 "공부도 중요하지만 네가 진짜 원하고 잘하는 게 무엇인지 찾는 게 더 중요해."라고 자주 말해준다.

제89회 아카데미에서 14개 부문 후보에 오르고 6개 부문 수상을 한 영화 《라라랜드La La Land》(데이미언 셔젤 감독, 2016)는 자신의 꿈을 좇는 청춘의 열정과 사랑을 그리고 있다. 영화 중 언젠가는 자신만의 재즈 바를 열겠다는 꿈을 이야기하는 주인공 세바스찬에게 어머니가 제발 철 좀 들으라며 냉소를 보내는 장면이 나온다. 이때 세바스찬은 어머니를 향해 한마디를 날린다.

"내 인생이 위기인 것처럼 말하지만, 난 지금의 상황이 좋아요. 인생의 펀치를 맞아주다가 상대방이 지칠 때가 되면 역전의 한 방을 먹이면 되니까요."

비록 현실은 피아노 아르바이트 자리까지도 쫓겨나는 무일푼 무명 연주가이지만, 모두가 비웃는 자신의 꿈을 묵묵히 이루어나가는 세바스찬의 모습은 부모인 내 자신을 되돌아보게 만들었다.

우리 아이들도 영화 속 주인공처럼 아무리 부모가 반대해도 자신의 꿈을 향해 치열하게 살아가는 존재로 성장했으면 좋겠다. 넘어지고 다쳐도 금세 일어날 수 있는 아이들이기에 부모는 굳이 헬리콥터를 띄울 필요가 없다. 어쩌면 아이들은 그런 부모를 더 걱정하고 있는지도 모른다. 아이들을 걱정하기 이전에 부모 자신이 아이들의 인생을 망치고 있는 것은 아닌지 한번쯤 돌아보았으면 좋겠다.

6

다시 세상으로

100세 시대, 우린 아직 절반도 살지 않았다

몇 년 전부터 100세 시대라는 말이 화두다. 의료 기술이 발전하고 건강에 대한 관심이 높아지면서 앞으로 100년은 기본적으로 살 것이라고들 한다. 우리 부모님 세대만 하더라도 이제 70세는 노인 축에도 못 낀다고 이야기한다. 노인 복지의 기준 연령을 현재의 65세에서 더 높여야 한다는 견해도 들린다.

반면 직장인들의 정년은 갈수록 짧아지고 있다. 누구나 처음에 입사하면 직장인들의 별인 '임원'을 꿈꾸고는 한다. 출발선상에서부터 '내 목표는 부장이야.'라고 생각하는 사람이 얼마나 있겠는가. 그러나 대리에서 과장, 과장에서 차장으로 올라가다 보면 알게 된다. 장래의 임원은커녕 당장이 걱정이다. '아, 부장까지는 달 수 있을까?' '앞으로 5년만이라도 더 다닐 수 있으면 좋겠는데.'

혹시나 운이 좋아서 50세까지 회사를 다닌다고 해도 걱정이 해결되지는 않는다. 100세를 산다고 가정한다면 대략 남은 50년이라는 세월을 또 무언가를 하며 보내야 하기 때문이다. 회사 생활을 몇십 년 했더라도 모아둔 돈으로 남은 50년을 일하지 않고 지낼 수 있는 사람들은 거의 없다. 갈수록 높아지는 물가 때문에 빚이라도 없는 게 다행일지도 모른다. 결국은 직장에서 은퇴를 하더라도 다른 직업을 계속 찾아야 하는 시대인 것이다.

내가 육아를 시작한 데는 이런 사회적인 분위기도 한몫했다. 한때는 몇 년 치 일감을 쌓아 놓고 있던 조선소에서 직장 생활을 시작했기에 이직이나 퇴직은 남의 일로만 생각했다. 나 또한 '크게 사고만 치지 않고 열심히만 하면 임원까지는 할 수 있겠지.'라는 희망으로 회사를 다녔다. 남들보다 빠르게 승진하고 사내에서도 다들 부러워하는 직무들을 다양하게 경험하면서 이런 생각은 점차 현실이 되어가는 듯했다. 그러나 리먼 사태로 인한 글로벌 금융위기가 일어나면서 나의 꿈과 희망이 점점 흐릿해지기 시작했다. 중국발 세계 경제의 호황이 끝나자 세계 1위였던 한국 조선 산업이 마치 한여름 밤의 꿈처럼 처참히 무너지기 시작한 것이었다.

파티가 끝났다는 것은 피부로 느낄 수 있었다. 성과급이 사라지고 회식도 자제하라는 회사 차원의 지시가 내려졌다. 아무 생각 없이 쓰던 종이컵 대신 커피나 물은 개인 머그컵으로 마셔야 했다. 빡빡해진 사내 분위기는 시간이 지날수록 더욱 직원들을 죄어왔다. 이미 앞날을 예상한 직원들은 하나둘씩 자발적으로 회사를 떠나기 시작했다. 어느 순간 내 주위에서 고민을 털어놓고 술 한 잔 기울이던 동료들도 사라졌다. 수십 년 일하신 분들뿐만 아니라 입사한 지 몇 년 되지 않는 사회 초년생들까지 한순간에 직장을 잃었다. 대규모 고용의 대명사였던 조선소는 지금 대량 실업자를 양산하는 공장이 되었다. 순진했던 나의 '임원'과 '정년퇴직의 꿈' 또한 그렇게 사라졌다.

'회사는 내 방패막이 될 수 없다.'라는 사실을 절감했다. '그동안 너무 안이하게 살아온 것은 아닌가.'라는 생각도 했다. 다른 회사로 이직했지만 거기서도 평생 다닐 수 있다는 생각은 들지 않았다. 길어야 십 년 정도일까. 직장 생활을 몇 년 더 연장한다 해도 그 이후에는 결국 다시 생존을 걱정해야 하는 상황에 처할 뿐이었다. 그래서 조금은 이른 나이지만 제2의 인생을 준비하기로 했다. 이제 평생직장의 개념은 없으니 내 인생은 내가 개척하며 살아야겠다고 말이다.

우리 세대에게는 '은퇴'와 '노후'라는 달콤한 단어들이 이미 사라져버렸다고 생각한다. 어쩌면 우리들은 죽을 때까지 일을 하게 될지도 모른다. 런던 비즈니스 스쿨 교수인 린다 그래튼과 앤드루 스콧은 『100세 인생The 100-year life』(클, 2017)에서 20세기에는 교육을 받고, 직업 활동을 하고, 은퇴하는 3단계 삶이 보편적이었지만, 앞으로는 이 3단계의 연결고리가 끊임없이 반복되는 다단계의 시대가 될 것이라고 말한다. 그리고 80세까지 건강도 유지하면서 지속적인 경제활동을 하기 위해서는 재충전과 재창조를 위한 몇 번의 과도기가 필수라고 한다. 여기에서 '재충전'이란 돈을 벌기 위해서 집중적으로 일을 하면서 상대적으로 소홀히 했던 건강이나 가족, 친구 관계 등 무형의 자산에 다시 투자하는 기간이고, '재창조'란 다시 일을 하기 위해 새로운 기술이나 지식, 네트워크 등에 대해 투자하는 것을 의미한다.

우리의 수명이 100년이라고 보면 마흔이라는 나이는 아직 절반도 채 끝나지 않은 시점이다. 학교에 다니던 시간을 빼면 실제로 사회에 나와서 본격적으로 일을 한 지는 10년이 조금 넘는다. 앞으로 수십 년을 더 일한다고 보면 최소 두세 개 이상의 직업들을 거치게 될 것이다. 그런데 인생 1막에서 너무 많은 힘을 빼버리면 새로운 출발이 더 힘들지 않을까?

아빠가 지금 육아에 뛰어드는 것은 단지 인생의 1막을 남들보다 조금 빨리 마무리한 것이라고 볼 수 있다. 은퇴라는 개념

없이 평생 일을 해야 하는 시대에 몇 년간의 육아기간은 휴식과 재충전의 기회가 될 수 있다. 그동안 정신없이 달려온 인생도 한번 반추해보고 잃어버린 건강도 되찾으면서 두 번째 출발을 준비할 수 있는 소중한 기간. 그러니 아빠가 육아를 몇 년 동안 한다고 해서 인생에서 퇴보한다거나 뒤처진다고 생각할 필요가 전혀 없다.

가족이라는 무형의 자산에 투자하기 위해 육아를 시작했던 나도 이제 점점 그 재충전의 시간이 끝나고 있음을 느낀다. 아이에게 부모의 세심한 관심과 손길이 필요한 시기는 생각보다 길지 않다. 초등학교 저학년만 되어도 웬만한 것은 혼자서 할 수 있다. 처음에는 아침도 먹여주고 옷도 입혀주었던 아이들이 이제는 혼자서도 잘 해낸다. 어질러져 있던 방도 청소하라는 한마디에 말끔하게 치워놓는다. 하루하루 커가는 아이들을 보면 대견하기도 하고 한편으로는 섭섭하기도 하다. 점점 나의 역할이 줄어드는 게 느껴진다.

어쩌면 아내가 사정에 의해 다시 집으로 들어오게 될 수도 있다. 요즘 같은 시대에 아내가 정년까지 보장된 회사에 다니는 것이 아니라면 이런 일은 갑자기 찾아온다. 개인 사업을 하는 경우에도 장기 불황의 영향으로 사업을 접게 되는 수가 있다. 그 시기가 언제 찾아올지는 아무도 모른다. 게다가 아이들이 커감에 따라 생활비며 교육비도 점점 증가할 테니 마냥 지금의 소득과 지출 수준이 유지된다고 생각할 수도 없다. 엄마 혼자만의 벌이로 가정 경제를 유지해나가기 어려운 상황에서 언제까지나 경제적인 부담을 아내에게만 지울 수는 없는 일이다. 그것이 바로 아빠가 육아를 하면서도 지속적으로 재창조의 시간을 가져야 하는, 즉 사회 진출을 준비해야 하는 이유다.

이제는 안정적인 것만 바라서는 안정적인 노후를 기대할 수 없는 시대다. 100세까지 성공적인 2막, 3막의 인생을 펼치기 위해서는 새로운 변화의 흐름을 잘 캐치해야 한다. 급하고 두려운 것은 우리 마음뿐이다. 인생을 길게 보고 이 육아의 시간을 새로운 출발의 기회로 삼는다면 앞으로의 인생을 더욱 값지고 의미 있게 살 수 있다. 아직 우리에게는 너무나도 많은 시간이 남아 있다. 일을 할 수 있는 시간도 충분하다. 우리는 아직 인생의 절반도 채 살지 않았다.

인생 2막의 준비

'임금 피크제'라는 것이 있다. 정년을 앞둔 직장인들을 대상으로 월급을 줄이는 대신 정년을 보장하거나 몇 년 연장하는 제도다. 장기적인 불황에 기업의 입장에서는 지불할 임금이 줄어든다는 장점이 있고 직원의 입장에서는 정년이 보장되는 한편 그 기간 동안 여유 있게 재취업을 준비할 수 있다는 장점이 있다. 아빠 육아도 어찌 보면 '임금 피크제'와 비슷해 보인다. 아빠가 퇴사함에 따라 전체적인 수입은 줄지만 육아를 하면서 사회 진출 프로젝트를 준비할 수 있으니 말이다.

사실 모든 직장인들이 은퇴 이후의 삶을 막연하게나마 걱정하고 고민해보지만, 조직에 매여 있다 보면 다른 준비를 하기가 쉽지 않다. 사소한 자격증이나 시험 공부를 하다가도 회사 일에 치여 중간에 포기했던 경험이 한번쯤은 있을 것이다. 야근에 회식에 기본적인 스케줄만 소화해도 24시간이 모자라는 직장인 아닌가. 결국 대부분 회사를 그만두고 나서야 제대로 된 일을 준비하고 시작하게 마련이다.

퇴사를 하고 창업을 하는 이들의 가장 큰 약점은 초조함일 것이다. 매달 안정적으로 나오는 월급을 가지고 생활해왔기 때문에 몇 달간이라도 수입이 끊기면 갑자기 불안해진다. 그러니 자기의 적성이나 사업 전망 등 제반 조건들을 충분히 검토해볼 여유도 없이 무작정 손쉽고 빠른 창업에만 나서게 된다. 대기업에서 구조조정을 한 번씩 할 때마다 동네 치킨집만 늘어나고 있는 현실 아닌가.

이런 면에서 볼 때 아빠 육아는 재취업이든, 본인 사업이든 제2의 인생을 준비하는 데에 좋은 기회를 준다. 준비할 시간도 상대적으로 여유가 있고, 기간도 딱히 정해진 것이 아니다. 아내가 얼마나 오랫동안 경제활동을 유지하느냐에 따라 다르겠지만 준비 기간이 수년씩 걸리는 분야도 시도해볼 수 있다.

예를 들어 공무원이나 전문직처럼 자격을 요하는 시험이라면 몇 년 동안 준비하며 공부해볼 수 있다. 새로운 분야에 도전하기 위해 재교육이 필요하다면 다시 대학에 진학해 학위를 따는 것도 방법이다. 학교가 아니더라도 공공기관과 온라인 등으로 다양한 분야의 평생교육과정이 마련되어 있기 때문에 관련

된 교육을 받으면서 지식과 기술을 배울 수도 있다.

창업을 생각한다면 정부가 지원하는 다양한 창업 지원 프로그램을 활용할 수 있다. 4차 산업혁명으로 정부에서도 참신한 아이디어를 가진 기업가를 육성하기 위한 정책적 지원을 강화하고 있다. 중소기업청이나 소상공인진흥공단, 금융기관 등을 통하면 교육은 물론이고 자금을 지원해주기도 한다.

자영업을 하더라도 일단 시간과 마음의 여유가 있기 때문에 실패할 확률을 줄일 수 있다. 프랜차이즈 사업의 경우 본사의 말만 믿지 않고 직접 발품을 팔아가며 다각도로 사업성과 시장성을 체크해보거나, 유행이 눈 깜짝할 새 빠르게 바뀌는 음식 장사의 경우는 일시적인 유행을 무턱대고 따르지 않고 트렌드의 변화를 지속적으로 관찰할 수 있다. 단기적인 취업으로 관련 업종을 직접 경험해보는 것도 가능하다.

무엇보다 육아를 하면서 자기 자신의 적성과 소질에 대해 다시 한번 고민해보는 시간을 가지게 된다는 것이 가장 큰 장점이다. 자기 성찰의 시간을 꾸준히 갖다 보면 본인도 몰랐던 숨겨진 재능을 발견할 수도 있다. 예전부터 재능과 관심이 있던 분야였지만 잠시 미루어왔던 꿈이 있다면 다시 도전해봄 직하다.

하지만 아무런 계획 없이 회사를 그만두고 육아를 시작하는 것은 반대한다. 회사를 그만두기 전에 무엇을 하겠다는 대략의 준비와 계획은 반드시 있어야 한다. 그렇지 않고 무작정 그만두게 되면 자기에게 맞는 일을 찾는 과정이 상대적으로 오래 걸릴 수밖에 없다. 계획 없이 회사를 그만두는 것은 사실 용감한 게 아니라 무모한 것이고 아빠로서의 책임감이 없는 것이다.

임원이나 사장이 되지 못할 것이라는 판단이 서면 그때부터는 부단히 인생 2막을 준비하는 게 현명하다. 그렇다고 회사 일을 등한시하고 창업이나 사업 준비에만 시간과 노력을 쏟으라는 말은 아니다. 회사에 있을 때의 업무 경험과 노하우는 모두 향후에 본인이 일을 시작할 때 중요한 자산이 된다. 당장은 전혀 쓸모가 없는 업무들이라고 생각하겠지만, 막상 회사를 떠나게 되면 사소한 것 하나하나가 다 아쉽게 느껴지고 '그때 좀 더 적극적으로 열심히 일해서 지식과 경험을 더 많이 쌓아둘 걸.'이라는 후회가 반드시 든다.

월요일 아침 회의를 위해 '금융시장 주간 전망' 보고서를 주말마다 작성했던 때가 있었다. 남들 다 쉬는 주말에도 그 보고서 작성 때문에 많은 스트레스를 받았다. '열심히 하겠다.'는 생각보다는 '어떻게 하면 면피할까.'라는 생각만 했다. 그러나 지금 생각해보면, '아, 그때 좀 더 많은 자료들을 찾아보고 시장을 분석해 놓았으면 지금 하는 일에 큰 도움이 될 텐데….'라는 아쉬움이 든다. 회사 다닐 때는 한 달에 이용료만 몇백만 원씩 하던 금융 정보 단말기도 마음껏 사용할 수 있었으니 말이다.

기업이 추진하는 큰 스케일의 업무 경험들은 모두 나중에 본인이 개인 사업을 벌일 때 큰 밑천이 된다. 해당 업종을 생각하고 더 크게는 경제와의 연관성을 생각해봤던 폭넓은 시야는 직장 경험이 없이 사업을 시작하는 사람들과는 분명 차별화되는 장점이다. 또한 조직이라는 시스템 속에서 스마트하고 세련된 방식으로 일하다 보면 자기도 모르게 그런 업무 스타일이 체득된다. 본인은 10년 넘게 회사에서 일하면서 배운 게 없다고 생각할지 모르겠지만, 지금 본인이 가진 사회적인 능력을 냉철하게 돌이켜 보면 대부분 회사에서 배운 것들이다. 퇴사를 하고 싶다는 마음이 드는 것도 어찌 보면 더 이상 회사에서 배울 게 없다고 느끼기 때문인지도 모른다.

어쨌든 개인이 퇴사하고 사업이나 창업을 하게 되면, 비록 예전에 다니던 회사에 비하면 구멍가게 수준이겠지만, 회사 다니던 시절에 배운 업무 스킬과 노하우들을 적용할 수 있는 부분들이 반드시 생긴다. 그러니 '회사에 있을 때 배워 두면 나중에 모두 평생의 자산이 된다.'는 생각으로 회사를 잘 이용하자. 육아의 경험뿐만 아니라 회사의 경험 또한 그때 아니면 다시는 할 수 없는 것들이다.

물론 철저하게 준비하고 계획을 세운 경우에도 실제로 육아와 살림을 하면서 동시에 본인의 일을 추진하다 보면 예상치 못한 많은 걸림돌을 만나게 된다. 잠시 육아를 하다가 금세 다시 사회에 나올 수 있다면 왜 수많은 엄마들이 전업주부로 오랜 시간 살고 있겠는가.

육아를 하다 보면 하루 중 몇 시간을 나만의 시간으로 만드는 것이 쉽지가 않다. 일단 그 단계까지 가기 위해서는 육아나 살림이 어느 정도 익숙해져야 가능하다. 문제는 그러는 사이, 처음 생각했던 계획에 대한 열정이 사라질 가능성이 높다는 것이다. 일이라는 것은 방향이 잡히고 속도가 나기 시작할 때 집중적으로 밀고 나가야 성과가 나오게 마련이다. 그런데 오늘 몇 시간 하다가 중단하고 내일 다시 해야 하는 상황이라면 진행이 더딜 수밖에 없다. 그러다 보면 처음에 준비했던 계획도 타이밍을 놓치며 포기하게 되는 경우가 생긴다. 또한 육아라는 것이 사람을 거기에 계속 빠져들게 하는 마력이 있다. 아이들은 어찌 됐건 부모의 관심과 보호를 계속 받아야 하는 연약한 존재다. 그런 아이들을 계속 돌보다 보면 모든 신경이 아이들에게 쏠리게 된다. 본인의 일에 100% 집중할 수가 없는 것이다.

프린스턴대학교에서 기업가 정신을 강의하는 팀 페리스가

쓴 『타이탄의 도구들Tools of titans』(토네이도, 2017)을 보면 '배거본딩vagabonding(방랑, 유랑)'이라는 개념이 나온다. 배거본딩은 최소 6주 이상 일상에서 벗어나는 여행을 하면서 일상과 삶을 새롭게 바꿔나가는 것을 의미한다. 성공과 혁신을 이룬 배거본더들은 금전적인 여유와 준비가 충분하지 않는 상태에서 처음 방랑을 시작하지만, 익숙하고 낡은 것들에 지배되지 않고 새로운 환경에서 끊임없이 새로운 인생의 기술을 배우면서 자기 발전을 이룩했다고 한다.

아빠 육아도 배거본딩의 일종으로 볼 수 있다. 회사에서의 근무라는 익숙하고 안정된 상태를 벗어나, 가정에서의 육아와 살림이라는 새로운 환경으로 들어가는 아빠. 금전적으로도 어렵고 모든 게 낯설며 철저히 외로운 환경이지만, 그 안에서 다시 적응하고 살아남기 위해서 최선을 다하다 보면 자신도 몰랐던 새로운 능력과 가능성을 찾게 된다.

아빠 육아의 시간은 인생 2막을 준비하기에 좋은 기회다. 하지만 육아와 살림의 특성상 동시에 본인의 일을 준비해나가는 게 쉽지 않은 것도 사실이다. 선택은 본인의 몫이다. 육아를 통해 새로운 나로 거듭나 다시 성공적인 사회 진출을 하느냐, 아니면 그냥 집에만 갇혀서 세상과 고립될 것이냐. '적자생존'이라는 말이 있듯이 세상 어떤 일이든 새로운 환경에 적응하는 자는 살아남고 그렇지 못한 자는 도태된다. 부디 우리 육아하는 아빠들 모두가 현실에 안주하지 말고 끊임없이 도전하여 성공적인 인생 2막을 열어나가기를 바란다.

나의 사회 진출 분투기

전 세계인에게 자신의 일자리를 스스로 만드는 법을 전파하고 있는 가치 혁신가, 크리스 길아보가 쓴 『100달러로 세상에 뛰어들어라The 100 Dollar Startup』(더퀘스트, 2015)를 보면 소자본으로 연간 5만 달러 이상의 소득을 올리고 있는 다양한 개인 사업가들의 사례가 나온다. 인터뷰 대상자들 중에서 어렸을 때부터 자신의 사업을 벌이기로 마음먹었던 사람은 극소수였다고 한다. 그들은 이구동성으로 그때 만약 회사에서 쫓겨나지 않았다면 새로운 도약의 기회도 만나지 못했을 것이라고 말한다.

아무리 '행복을 찾아서'라는 이상적인 가치를 찾고자 육아를 시작했다고 해도, 처자식이 있는 아빠로서 경제적인 현실을 마냥 무시할 수는 없다. 비록 아내가 일을 하고 있지만 나 또한 내가 가정 경제를 책임지는 가장이라는 생각을 버린 적은 단한 번도 없었다. 마음 한편에서는 나만의 사업을 성공적으로 시작해서 아내가 언제든 일을 그만두고 싶어 할 때 "그래, 그동안 수고했어. 이제는 나만 믿어!"라고 말할 수 있는 듬직한 남편이 되겠다는 간절함이 있었다. 그래서 그동안 꾸준히 새로운 도약의 기회를 찾기 위해서 다양한 도전들을 거듭했다. 일명 '사회 진출 프로젝트'란 이름으로 말이다.

지난 10년간의 회사 생활을 통해서 내가 배운 것은 금융 분야였다. 일반 기업에 있었지만 금융 투자 회사 못지않게 외환 딜링부터 M&A, 자금 관리, 주식 담당까지 다양한 경험을 했다. 배운 게 도둑질이라고 회사 다니면서도 금융지식을 바탕으로 개인 투자를 꾸준히 해왔다. 2005년부터 시작된 개인투자 경력은 회사를 그만둘 때까지로 치면 10년 가까이 된다. 주로 파생상품이라고 하는 선물거래先物去來가 주요 거래대상이었다. 통화, 주가지수, 금리, 원유, 금 등 국내뿐만 아니라 해외의 다양한 상품들도 거래했다.

금융시장에서 떠도는 말로 '네 원수에게 알려주라.'고 하는 게 선물, 옵션으로 알려진 파생상품 투자다. 그만큼 개인이 시장에서 살아남기가 어렵고 대부분 실패로 마감한다. 그런 시장에서 그동안 퇴출되지 않고 살아남았다는 것 자체만으로도 충분한 경력이 되었다고 생각했다. 크게 벌 때도 있었고 반대로 손실이 날 때도 있었지만, 그간의 경험과 꾸준한 수익이 있었기에 언젠가는 전업투자를 하겠다는 생각을 가지고 있었다. 그래서 금융투자는 자연스럽게 육아를 시작한 후 나의 첫 번째 사회 진출 프로젝트가 되었다.

처음 육아를 시작할 때에는 육아도 하고 거래도 하면서 두 마리 토끼를 모두 잡겠다는 부푼 희망이 있었다. 시간적으로도 금융시장은 아침 9시에 개장해서 오후 3시면 폐장하기 때문에 일을 하는 데 있어서 아이들이 크게 문제가 될 것 같지 않았다. 남들보다 조금 빨리 등원시키고 하원도 그 이후에 하면 된다고 생각했다.

하지만 현실은 나의 예상대로 움직이지 않았다. 금융 투자는 아침시간이 가장 집중적으로 준비를 하고 거래를 해야 하는 시간인데, 아이들에게 밥 먹이고 등원을 준비하다 보면 다시 일에 집중하기가 쉽지 않았다. 게다가 아이들이 갑자기 고열이 나거나 아파서 중간에 병원을 데리고 가야 하는 일도 왕왕 발생했다. 계절마다 찾아오는 수족구병에 걸리기라도 하면 꼼짝없이 며칠 동안 집에서 아이를 데리고 있어야 했다. 그러면 어쩔 수 없이 일을 중단할 수밖에 없었다.

방학 또한 두려운 존재였다. 유치원에 다닐 때는 그나마 여름과 겨울에 일주일 정도만 방학을 했기에 일을 하는 데 크게 무리가 되지 않았다. 그때는 나도 간만에 방학이라 생각하고 아이들과 놀아줄 계획을 잡았다. 그런데 첫째가 초등학교에 들어가고 나니 상황이 달라졌다. 방학기간이 거의 한 달로 늘어난 것이다. 게다가 봄방학까지 2주 정도 있으니 1년에 대략 석 달 정도가 방학인 셈이었다. '아, 이래서 엄마들이 직장을 포기하게 되는구나.'라는 생각이 들었다. 도무지 방법이 없었다. 내 일만 한다고 하루 종일 아이들을 방치할 수가 없었다. 아직까지는 아이가 우선, 일은 부업이라는 생각으로 아쉽지만 거래를 접었다.

몇 해 전에는 예전부터 관심이 있었던 부동산을 공부해보았다. 공인중개사 시험을 2년가량 준비했다. 가장 빠른 시간 내에 어떤 분야를 배우기에는 자격증 공부만 한 게 없었다. 보통 한 해에 1, 2차를 동시에 준비하지만 나의 경우는 나름 육아에 투자까지 하느라 시간을 내기가 쉽지 않아서 1년차에 1차, 2년차에 2차를 목표로 준비했다.

하루에 두세 시간씩 공부를 하다가 막판 한두 달은 아이들을 아내에게 전적으로 맡기고 저녁에도 풀타임으로 시험 준비를 했다. 나름 관심도 있었고 경제 쪽 기본 지식도 있던 터라 1차는 합격할 수 있었다. 문제는 2차였다. 시험 과목도 1차에 비해 늘어났고 외워야 하는 양도 훨씬 많았다. 많은 직장인들이 노후 대비용으로 많이들 생각해보는 시험이지만 절대 만만하지가 않았다. 낯선 법률 용어에다가 암기 위주의 시험이니 나이 먹고 공부하기가 더욱 힘이 들었다.

결국 2차 시험은 실패로 돌아갔다. 몇 문제 차이로 커트라인 평균 점수에 미달된 것이다. 꼭 합격해서 이걸로 밥 먹고 살겠다고 생각하며 준비한 것은 아니었지만, 2년이라는 시간 동안 틈틈이 시간을 내서 공부를 했었는데 결과가 좋지 못하니 억울하기도 했다. 주위에서는 다시 도전해보라고도 했지만, 그 빡빡한 시험 공부를 다시 할 엄두가 나지 않았다.

결과야 아쉽지만 부동산에 대해 이해를 좀 더 넓혔다는 것에 만족하기로 했다. 부동산의 전반적인 부분을 체계적으로 공부하고 나니 부동산을 대하는 자신감부터가 달라졌다. 실생활에 도움이 되는 세금 문제에서부터 경매나 직접 투자를 할 때 필요한 법적인 부분들까지 한층 지식이 넓어지고 깊어진 것을 느낀다. 정부의 중장기 국토종합개발계획에 따라 향후 정책 방향을 이해하고 그에 따라 투자 전략을 짜야 한다는 것도 모두 공부를 하면서 새롭게 알게 된 사실이다. 비록 자격증을 따는 데는 실패했지만 공부하면서 쌓인 지식을 바탕으로 부동산 투자를 하는 것 또한 향후 준비하고 있는 프로젝트 중 하나다.

취미와 자기 관리 차원에서 시작한 독서는 또 다른 사회 진출 프로젝트를 준비하게 된 계기가 되었다. 딱히 몇 권이라는 목표를 둔 것은 아니지만 시간이 날 때마다 책 읽기를 습관화하다 보니 육아를 시작한 이후로 매년 100권 이상의 책을 읽고 있다. 책을 통해 다양한 작가들의 삶을 들여다보았고 그들로부터 많은 위로와 영감을 얻었다. 그러다 보니 아빠 육아라는 삶을 살고 있는 나의 경험도 '다른 사람에게 도움이 되지 않을까?' 하는 생각이 들었다. 그래서 비록 일천한 글 실력이지만 누군가에게 조금이나마 도움이 되었으면 하는 바람으로 글을 쓰기 시작했다.

앞으로 육아 말고도 다른 분야의 책도 쓸 계획이다. 나름 경험이 있는 금융 분야뿐만 아니라 사람들에게 삶의 희망과 용기를 줄 수 있는 글도 쓰고 싶다. 1인 기업이 늘어나는 상황에서 무형의 가치를 공유하는 1인 사업가도 바람 중 하나다. 나의 경험과 생각을 다른 사람들과 공유하면서 사회에 가치 있는 사람이 되기 위한 일이다.

'잡 노마드'라는 용어가 있다. 직업Job을 따라 유랑하는 유목민Nomad이라는 뜻의 신조어로 평생 한 직장, 한 지역, 한 가지 업종에 매여 살지 않는 사람들을 뜻한다. 회사라는 조직을 떠난 이상 나도 유목민의 자세로 여러 가지 생존 기술을 가지기 위해 노력하고 있다. 창업뿐만 아니라 다양한 분야에도 관심의 끈을 놓지 않으려 한다. 기존에 알던 분야뿐만 아니라 전혀 다른 분야도 배우고 경험하면서 도전해볼 생각이다. 때로는 실패도 하고 성공도 하겠지만 빠르게 변화하는 세상에서는 지속적으로 나를 업그레이드를 시키는 게 필수라고 생각한다.

나도 아직까지 사회 진출을 본격적으로 시작한 것은 아니다. 끝나지 않은 육아로 본의 아니게 기나긴 준비과정을 보내고 있다. 그래도 그날은 반드시 올 것이다. 아내가 퇴사를 하든지 내가 스스로 나가든지, 그 길의 끝은 아직 모르겠지만 그리 머지않아 보인다. 육아와 동시에 일을 준비하면서 힘든 적도 많았지만, 이런 소중한 준비기간을 가질 수 있는 것에 더 감사하게 생각한다. 이런 기간이 없었다면 나중에 더 큰 실패의 경험을 했을 테니 말이다.

이제는 워킹대디

혼자 있을 때, 가끔 임재범의 《비상》을 부르며 날갯짓을 꿈꾸고는 했다. 과연 언제까지 집에서 육아만 하게 될까? 다시 세상에 나갈 수 있을까? 노랫말에 꽂혀서 갑자기 울컥해지기도 하고 다시 희망을 부르짖기도 했다. 혼자라서, 아빠라서 외롭고 힘든 일이 많았다. 분명 내가 원해서 선택한 일이었지만 사회와 점점 고립되어가는 내 모습에 후회한 적도 있었다.

그래도 이제는 그 힘겨웠던 시간이 분명 나에게 세상을 이겨낼 힘이 되어줄 거라고 믿는다. 그동안 준비해왔던 사회 진출 프로젝트를 통해서 인생 2막을 준비하고 있다. 한 가지 길이 될지, 여러 가지 길이 동시에 될지는 모르겠다. 어쩌면 전혀 새로운 영역을 시작할지도 모르겠다. 세상일이라는 게 내가 하겠다고 해서 되는 것은 아니지 않은가. 단지 주어진 상황에 최선을 다할 뿐이지.

'다시 사회에 나간다면 어떤 아빠가 될까?'라는 질문을 해본다. 예전처럼 일과 스트레스를 달고 살며 가정과 아이들에게는 소홀한 아빠가 다시 될까? 아니면 일과 가정의 균형을 잡는 슈퍼맨 아빠가 될까? 지금은 당연히 후자일 것이라 생각하지만 현실에 부딪힌다면 분명 쉽지는 않을 것이다. 정해진 시간, 틀에 박힌 생활로 다시 들어간다면 지금 같은 마음의 여유도 많이 사라지게 될 것이다.

그래도 한 가지만은 자신할 수 있다. 바로 가족에 대한 이해와 배려의 마음이다. 그동안 살림을 하면서 아내가 워킹맘으로 사는 게 얼마나 힘든 일인지도 알았고, 육아를 통해 아이들에 필요한 것은 아빠와 함께하는 시간이라는 것도 알게 되었다. 직장 생활도 해보고 전업주부의 일상도 겪고 나니 가정 내에서의 갈등과 불만은 모두 서로에 대한 이해와 배려의 부족에서 시작된다는 것을 깨달았다.

부부간의 갈등은 상대방의 상황을 잘 이해할 수가 없기에 벌어지는 경우가 태반이다. 직장을 다니는 아빠와 집에만 있는 엄마 사이에는 근본적으로 서로를 이해하기 힘든 벽이 존재한다. 본인의 상황과 관점에서만 상대방을 바라보고 평가하기 때문에 본인만 고생하는 것 같고 상대방의 행동에는 늘 불만이 생긴다. 부부 싸움을 할 때에도 서로 먼저랄 것도 없이 "나 좀 이해해달라고!"라며 본인의 고통만 호소하지 않는가.

아이들도 마찬가지다. 지금 생각해보면 회사에 다닐 때는 아이들을 그냥 형식적으로만 바라봤던 것 같다. 보면 당연히 사랑스럽지만, 보라고 하니까 보고 봐야 하니까 봤다. 수박 겉핥기처럼 진심으로 아이들을 이해하지 못했고 이해할 여유도 없었다. 그러나 오랜 시간을 아이들과 부대끼며 생활해보니 그들의 행동과 말을 좀 더 이해할 수 있었다. 거짓말을 하거나 잘못된 행동을 하더라도, 아이들이 결코 악의가 있어서라거나 잘못된 습관이 들어서 하는 행동이 아니라 자연스러운 성장의 과정이라는 것을 알게 되었다.

어찌 보면 아빠 육아는 아빠가 다시 일을 시작한다고 끝나는 것이 아니라는 생각이 든다. 다시 사회에 나가더라도 새로운 형태의 아빠 육아가 시작될 것이다. 그동안의 경험과 노하우를 바탕으로 일과 가정 사이에서 균형을 잡는 단계, 즉 실전 응용단계에 들어서는 것이다. 이미 롤모델은 있다. 바로 아내다. 워킹맘인 아내를 보면 다시 사회로 나가서 일하는 아빠의 모습이 어떠해야 하는지를 알 수 있다. 밖에서는 일을 하지만 가정으로 돌아오면 여전히 주부인 엄마처럼 아빠도 그런 워킹맘의 역할을 해야 한다. 일도 하고 가정도 챙기는 '워킹대디' 말이다. 본인도 이미 퇴근하고 나서 아빠가 어떻게 행동해야 가족들에게 도움이 되는지를 잘 알고 있을 것이다. 육체적으로나 정신적으로 힘들더라도 퇴근해서는 육아와 살림을 맡는 것이 맞다. 퇴근하자마자 다시 가정주부로 변신하는 아내가 이미 옆에 있지 않은가.

가부장제의 시대는 끝났다. 살림과 육아는 이제 누구 한 명의 책임이 아닌 부부 모두의 책임이다. 부부 두 사람 모두 가계를 위해서 열심히 일을 하고 가사도 균형적으로 분담하여 조화로운 가정을 꾸려나가야 한다. 그래야만 모두가 행복한 가정을 만들 수가 있다.

일과 가정 사이에서 균형을 잡기 위해서는 가정에서 아빠의 역할도 외부에서만큼이나 중요하다는 인식이 필요하다. 나 아니면 안 되는 회사 일처럼 아빠라는 역할 또한 남들이 대신할 수 없는 일이다. 퇴근해서도 아빠로서 해야 할 일이 있다는 사실을 명심하면서 집에서 쓸 에너지를 항상 남겨두어야 한다. 가장이라는 생각으로 일에만 관심과 에너지를 전부 쏟다가는 결국 보통의 아빠로 다시 돌아가게 된다.

아빠가 본인의 일이나 금전적인 가치만을 최우선에 놓다 보면 가정에는 소홀해질 수밖에 없다. 그러나 사회적으로 명예가 높고 돈이 아무리 많다고 해서 반드시 행복해지는 것은 아니다. 소박하지만 즐거운 가정을 꾸리는 것만으로도 우리는 최상의 행복감을 누릴 수 있다. 그렇게 함으로써 진정한 가족의 의미를 찾을 수가 있다.

아빠 육아는 스쳐가는 경험으로 끝나서는 안 된다. 소중한 경험을 바탕으로 더 좋은 아빠가 되고 더 좋은 가정을 만들어가는 시발점이 되어야 한다. 부디 다시 사회에 나가더라도 지난날의 시간들이 헛되지 않도록 워킹맘의 정신으로 무장한 진정한 워킹대디가 되기를, 나뿐만 아니라 모두에게 희망한다. 우리에게는 아직 행복한 가정을 만들어나갈 충분한 시간과 기회가 남아 있다.

에필로그

힘내요, 아빠!

아빠가 아내 대신 전업으로 육아를 한다는 것은 아직까지 우리 사회에서는 그리 익숙하지 않은 풍경이다. 내가 처음 육아를 시작할 때만 해도 평일 대낮에 아빠 혼자서 유모차를 끌거나 아기띠를 매고 거리를 돌아다니는 모습을 거의 볼 수가 없었다. 하지만 사회가 바뀌고 있다는 것을 요즘 나는 실감한다. 전업이든 단기든 주변에서 육아하는 아빠를 수시로 만날 수 있다.

집 근처 공원에서 산책을 하고 있는데 저 멀리서 어떤 아빠가 유모차를 끌며 다가오는 게 보였다. 그 모습에 나는 벌써부터 마음이 찡했다.

'소중한 아이를 위해 부끄러움을 무릅쓰고 이렇게 나오셨구나.'

그러나 그 아빠는 나와 눈이 마주치자 애써 시선을 저 멀리

두며 걸음을 재촉했다. 그 모습은 다시 나를 울컥하게 만들었다. 미안해졌다. 나의 눈길이 그를 힘들게 한 것은 아닌가 하고 말이다. 낯섦이 아닌 공감의 시선이라고 붙잡고 말해주고 싶었지만, 그는 이미 마음의 상처를 받았을지도 몰랐다.

나는 마음속으로 이렇게 외쳤다.

"힘내세요! 당신이야말로 인생을 진정으로 가치 있게 살고 있습니다!"

아직은 아빠의 육아에 대한 인식이 보편적이지 않고 제도적으로도 잘 뒷받침되어 있지 않다. 육아를 하는 아빠들은 앞으로도 주변의 불편한 시선과 사회적 불이익을 견뎌야 할 것이다. 하지만 그럼에도 불구하고 앞으로 점점 더 많은 아빠들이 아이들과 더 많은 시간을 함께 보내기 위해 집으로 돌아올 것이다. 지금 이 순간 가장 중요한 것이 무엇인지, 본인의 삶을 진정으로 가치 있게 사는 방법이 무엇인지 깨닫는 아빠들은 더욱 늘어날 것이다.

지난 5년간 육아의 시간을 통해서 나 역시 새롭게 변화하고 성장했다. 세상이 낯선 아이들이 때로는 넘어지고 다쳐도 금세 훌훌 털고 일어나는 모습에서 나 또한 깨달은 바가 크다. 아이들을 통해 세상의 새로움과 설렘을 다시 알게 되었고 실패를 두려워하지 않고 다시 도전하는 법을 배웠다.

이제 지난 나의 이야기가 이렇게 책으로 나와 세상의 누군가에게 위로와 희망이 될 수 있음에 감사한다. 그리고 나의 가족, 사랑하는 아내와 두 딸 의선, 의현 자매에게 말하고 싶다.

"사랑합니다. 그리고 고맙습니다."